Silvio Risse
Motornahe thermoelektrische Rekuperation der Abgasenergie an einem turboaufgeladenen direkteinspritzenden Ottomotor

TUDpress

Silvio Risse

Motornahe thermoelektrische Rekuperation der Abgasenergie an einem turboaufgeladenen direkteinspritzenden Ottomotor

TUDpress

2012

Die vorliegende Arbeit wurde am 10. April 2012 an der Fakultät Verkehrswissenschaften „Friedrich List" der Technischen Universität Dresden als Dissertation eingereicht und am 19. Oktober 2012 erfolgreich verteidigt.

Gutachter:
Prof. Dr.-Ing. Hans Zellbeck, TU Dresden
Prof. Dr.-Ing. Michael Beckmann, TU Dresden

Bibliografische Information der Deutschen Nationalbibliothek
Die Deutsche Nationalbibliothek verzeichnet diese Publikation in der Deutschen Nationalbibliografie; detaillierte bibliografische Daten sind im Internet über http://dnb.d-nb.de abrufbar.

Bibliographic information published by the Deutsche Nationalbibliothek
The Deutsche Nationalbibliothek lists this publication in the Deutsche Nationalbibliografie; detailed bibliographic data are available in the Internet at
http://dnb.d-nb.de.

ISBN 978-3-942710-98-5

Verlag der Wissenschaften GmbH
Bergstr. 70 | D-01069 Dresden
Tel.: 0351/47 96 97 20 | Fax: 0351/47 96 08 19
http://www.tudpress.de

Gesetzt vom Autor.
Printed in Germany.

Motornahe thermoelektrische Rekuperation der Abgasenergie an einem turboaufgeladenen direkteinspritzenden Ottomotor

Von der Fakultät Verkehrswissenschaften „Friedrich List“
der Technischen Universität Dresden
zur Erlangung des akademischen Grades

Doktor der Ingenieurwissenschaften (Dr.-Ing.)

genehmigte Dissertation

von

Dipl.-Ing. Silvio Risse

geb. am 16. September 1978 in Oschatz

Gutachter: Prof. Dr.-Ing. Hans Zellbeck, TU Dresden
Prof. Dr.-Ing. Michael Beckmann, TU Dresden

Tag der Einreichung: 11.04.2012
Tag der Verteidigung: 19.10.2012

Danksagung

Die vorliegende Arbeit entstand in der Zeit von April 2009 bis April 2012 am Lehrstuhl Verbrennungsmotoren des Instituts für Automobiltechnik Dresden an der Technischen Universität Dresden.

Betreut wurde sie durch Herrn Prof. Dr. Hans Zellbeck, dem ich hiermit für seine begleitende fachliche Unterstützung und Motivation herzlich danken möchte.

Mein besonderer Dank gilt auch Herrn Dr. Roß, Herrn Werner und Herrn Kutz für richtungsweisende Diskussionen.

Des Weiteren möchte ich mich bei Herrn Köhler, Herrn Scholze, Herrn Werner und Herrn Heinich für ihre tatkräftige Unterstützung, ihr Engagement sowie für die Durchführung und Aufarbeitung zahlreicher Messungen bedanken.

Allen Technikern des Institutes und Mitarbeitern der Werkstatt, insbesondere Herrn Schubert, Herrn Malcherek und Herrn Bretthauer, danke ich an dieser Stelle für die sehr gute Zusammenarbeit.

Weiterer Dank geht an alle hier nicht namentlich erwähnten Mitarbeiter und Studenten des Instituts, welche mich bei der Erstellung dieser Arbeit unterstützten.

Abschließend möchte ich meiner Frau Antje und meiner Familie für Ihre Unterstützung danken. Ohne ihre Hilfe und ihr Engagement wäre die erfolgreiche Fertigstellung dieser Arbeit nur schwer realisierbar gewesen.

Inhaltsverzeichnis

Formelzeichen, Indizes, Konstanten, Abkürzungen

Formelzeichen

Zeichen	Einheit	Erklärung
A	m^2	Fläche
a	m/s^2	Beschleunigung
ASY	-	Asymmetriefaktor
b	g/(kW*h)	spezifischer Kraftstoffverbrauch
c_p	J/(kg*K)	spezifische Wärmekapazität (isobar)
c_w	-	Luftwiderstandsbeiwert
d	m	Dicke
d	m	Durchmesser
DF	-	Durchsatzfaktor (massebezogen)
DKW	10^{-6}*kg/s*$K^{0,5}$/Pa	Durchsatzkennwert
E_x	J	Exergie
H	J	Enthalpie
$\dot{H}$	W	Enthalpiestrom
h	mm	Höhe
h	-	relativer Ventilhub bezogen auf Maximalhub
h	J/kg	spezifische Enthalpie
h_V	mm	Ventilhub
I	A	Stromstärke
J	kg*m^2	Trägheitsmoment
l	m	Länge, Strömungslänge einer Rippe
m	m^{-1}	Koeffizient des Rippenwirkungsgrades
m	kg	Masse
$\dot{m}$	kg/s	Massenstrom

Zeichen	Einheit	Erklärung
n	min^{-1}	Drehzahl
P	W	Leistung
p	Pa, bar	Druck
p_m	bar	Mitteldruck
Q	J	Wärme
$\dot{Q}$	W	Wärmestrom
R	Ω	Widerstand
R_{th}	W/K	absoluter Wärmewiderstand
R_Z	m	Gemittelte Rauhtiefe
S	V/K	Seebeck-Koeffizient
s	J/(kg*K)	spezifische Entropie
T	K, °C	Temperatur
t	s	Zeit
U	J	innere Energie
U	V	Spannung
u	m/s	Umfangsgeschwindigkeit
V	m^3	Volumen
$\dot{V}$	m^3/s	Volumenstrom
V_H	m^3	Hubvolumen
v	m/s	Geschwindigkeit
W	J	Arbeit
x	-	Masseanteil
y	m	Strecke, Entfernung
ZT	-	Device Figure of Merit
zT	-	Material Figure of Merit

Zeichen	Einheit	Erklärung
α	W/(m²*K)	spezifischer Wärmeübergangskoeffizient
$\alpha_{HV50\%}$	°KW	Schwerpunkt Summenheizverlauf
Δ	-	Differenz zweier Größen
ε	-	Emissionsgrad
η	-	Wirkungsgrad
κ	-	Isentropenexponent
λ	-	Luftverhältnis
λ	W/(m*K)	thermische Leitfähigkeit
λ_a	-	Luftaufwand (Referenz Sammler)
λ_f	-	Fanggrad
λ_l	-	Liefergrad (Referenz Sammler)
Π	-	Druckverhältnis
ρ	kg/m³	Dichte
σ	A/(V*m)	elektrische Leitfähigkeit
φ	°KW	Kurbelwinkel
ω	s^{-1}	Winkelgeschwindigkeit

Indizes

Zeichen	Bedeutung
0	Ruhezustand, Umgebung
1	vor Verdichter
1mm	Referenzhub (1mm)
2	nach Verdichter
2s	im Sammler

Zeichen	Bedeutung
3	vor Turbine
4	nach Turbine
A	Abgas
a	austretend
ATL	Abgasturbolader
C	Carnot
d	dynamisch
e	effektiv
e	eintretend
el	elektrisch
F	Finne
FZG	Fahrzeug
GEN	Generator
ges	gesamt
H	Heißseite
i	indiziert
IK	Innenkrümmer
K	Kaltseite
KM	Kühlmittel
KMP	Kühlmittelpumpe
KMWT	Kühlmittelwärmetauscher des TEG-Wärmetauscherverbundes
korr	korrigiert (Referenztemperatur 298 K)
KS	Kraftstoff
L	Luft
LW	Ladungswechsel

Zeichen	Bedeutung
LWOT	oberer Totpunkt - Ladungswechsel
m	mittel, mittleres
max	maximal
mech	mechanisch
MW	Mittelwert
MO	Motoroberfläche
MOT	Motor
MOT-KMWT	Kühlmittelwärmetauscher des Motorkühlsystems (Hauptkühler)
n	nach
n	negativ dotiert
norm	normiert
O	Oberfläche
Öl	Motoröl
p	positiv dotiert
R	Rippe
red	reduziert
ref	Referenz
RG	Restgas
RO	Rippenoberfläche
s	isentrop
s	statisch
T	Turbine
t	total
TE	thermoelektrisch
TEG	thermoelektrischer Generator

Zeichen	Bedeutung
V	Verdichter
v	vor
WG	Wastegate
WS	Wärmestrahlung
WT	Wärmetauscher, TEG-Abgaswärmetauscher
Z	Zylinder
ZOT	oberer Totpunkt - Zündung
ZT	Device Figure of Merit

Konstanten

Zeichen	Wert	Erklärung
H_u	42,5 MJ/kg	unterer Heizwert
L_{min}	14,15 kg/kg	Mindestluftbedarf
R_L	287,0 J/(kgK)	ideale Gaskonstante für trockene Luft

Abkürzungen

Zeichen	Erklärung
AD	Auslassventil Öffnungsdauer
AO	Auslass-öffnet
AS	Auslass-schließt
ASY	Asymmetriefaktor
ATL	Abgasturbolader
AV	Auslassventil
CFD	Computational Fluid Dynamics

Zeichen	Erklärung
c_w	Luftwiderstandsbeiwert
DC	Direct Current
DI	direkteinspritzend
ED	Einlassventil Öffnungsdauer
EO	Einlass-öffnet
ES	Einlass-schließt
EV	Einlassventil
FEM	Finite-Elemente-Methode
FTP75	Federal Test Procedure 1975
HiL	Hardware-in-the-Loop
IK	Innenkrümmer
KMP	Kühlmittelpumpe
KMWT	Kühlmittelwärmetauscher
li.	links
LLK	Ladeluftkühler
mess.	gemessen
NEFZ	Neuer Europäischer Fahrzyklus
Pkw	Personenkraftwagen
RAH	reduzierter Auslassventilhub
re.	rechts
ROZ	Research-Oktanzahl
SAO	spätes Auslass-öffnet
sim.	simuliert
SST	Shear Stress Transport
TE	thermoelektrisch

Zeichen	Erklärung
TEG	thermoelektrischer Generator
TEM	thermoelektrisches Modul
VAS	variables Auslass-schließt
VL	Volllast
WT	Wärmetauscher
Z	Zylinder

1 Einleitung und Motivation

Mobilität ist ein wesentlicher Bestandteil und ein bedeutender Wachstumsfaktor unserer heutigen Gesellschaft. Sie beeinflusst aber auch nachweisbar die Umwelt aufgrund schädlicher Emissionen und stetig steigendem Ressourcenbedarf. Aus diesem Grund müssen sämtliche Antriebssysteme, die auch in Zukunft die weltweite Mobilität garantieren sollen, hinsichtlich ihres Energieverbrauchs und ihrer Nachhaltigkeit überprüft werden.

Der Verbrennungsmotor ist derzeit das effizienteste Antriebssystem im Straßen-, Schiffs- und Bahnverkehr. Er erfüllt die ständig steigenden Anforderungen durch den Einsatz neuer Technologien und Verfahren. Seine Vorteile liegen im kompakten Aufbau und der Möglichkeit, die chemisch gebundene Energie von flüssigen Kraftstoffen relativ effizient in mechanische Energie umzuwandeln. Wesentliche Nachteile sind die dabei entstehenden Schadstoffemissionen und die Umsetzung der chemisch gebundenen Kohlenwasserstoffe in klimarelevantes Kohlendioxid. In naher Zukunft stehen jedoch keine global einsetzbaren Antriebsalternativen sowohl für den Transport als auch für den Individualverkehr [Fre08, Wil09, Wym09, Zel09, Zel10a] zur Verfügung. Strengere gesetzliche Regularien sollen daher weltweit Ressourcenbedarf und Emissionen forciert reduzieren. Neben der vieldiskutierten Elektromobilität und der Verwendung von CO_2-neutralen Kraftstoffen, bietet die Optimierung des konventionellen Verbrennungsmotors dafür nach wie vor genügend Potenzial.

Der eigentliche Verbrennungs- bzw. Primärprozess lässt sich aufgrund seines physikalischen Wirkprinzips nur noch im begrenzten Maße verbessern. Ein neuer Ansatzpunkt liegt daher in der Minderung des Gesamtenergiebedarfs durch Rekuperation bisheriger Verlustenergien. Die thermischen Verluste spielen dabei, mit einem Anteil von mindestens 50 Prozent der eingesetzten Kraftstoffenergie, eine dominierende Rolle. Vor allem das Abgas weist dank seines hohen Temperaturniveaus die höchste Exergie auf und ist daher besonders geeignet für eine Nachnutzung.

Neben einer Vielzahl an Varianten zur thermischen Abgasenergierekuperation ermöglicht der thermoelektrische Generator (TEG) auf Basis des Seebeck-Effektes eine direkte Umwandlung von thermischer in elektrische Energie. Die thermoelektrische Rekuperation ist durch ihr einfaches und robustes Prinzip bei all jenen Prozessen einsetzbar, die Abwärme erzeugen und elektrische Energie verwerten können. Eine TEG besteht aus dünnen Halbleitermodulen und kann direkt in entsprechend angepasste Wärmetauscher integriert werden. Ein Teil des Wärmestromes, welcher sich in einem solchen TEG-Wärmetauscher infolge der Temperaturdifferenz zwischen Abgas und Kühlmedium einstellt, wird in den Halbleitermodulen in elektrischen Strom umgewandelt. Dadurch kann der konventionelle riemengetriebene Generator zur Bordnetzversorgung entlastet und die Gesamteffizienz des Antriebssystems gesteigert werden.

Bisher erfolgte die Integration von thermoelektrischen Generatoren in den Fahrzeugabgasstrang entweder parallel zur oder im Anschluss an die Abgasnachbehandlung. Eine Verschlechterung der Kaltstartemissionen durch ein verzögertes Erreichen der Light-off-Temperatur des Katalysators wird somit vermieden.

Eine motornahe Integration mit Berücksichtigung der entsprechenden Rückwirkungen auf Verbrennungsprozess und Abgasnachbehandlung würde die Rekuperationseffizienz aufgrund des höheren Exergieangebotes verbessern. Die damit einhergehende Kühlung des Abgases im Volllastbetrieb hätte weiterhin eine Reduzierung der verbrauchsintensiven Kraftstoffkühlung zum Bauteilschutz zur Folge.

Anhand der genannten Vorteile liegen die Schwerpunkte dieser Arbeit auf einer neuartigen Auslegung und Integration eines motornahen TEG-Wärmetauschers in den Abgasstrang eines abgasturboaufgeladenen Ottomotors. Die wesentliche Herausforderung besteht in der Lösung des Konfliktes zwischen Abgasturbolader, Katalysator und Abgaswärmetauscher hinsichtlich Motorperformance, Emissionen und Systemeffizienz [Zel10, Zel10a].

2 Stand der Technik

2.1 Kernproblematik

Heutige Verbrennungsmotoren arbeiten seit über 100 Jahren nach dem gleichen physikalischen Wirkprinzip. In einem abgeschlossenen Brennraum wird ein Teil der chemisch gebundenen Energie eines Kraftstoff-Luft-Gemisches in mechanische Arbeit umgewandelt. Der restliche und zugleich deutlich größere Anteil der zugeführten Energie wird vor allem als thermische Verlustenergie über die luft- oder kühlmittelgekühlten Brennraumwände und als Abgas über die Auslassventile an die Umgebung abgeführt. Vergleicht man die thermischen Verluste eines Verbrennungsmotors, so zeigt sich, dass das Abgas gegenüber Kühlmittel und Motoröl nicht nur das höchste Temperaturniveau ($T_{3,max} \geq 950°C$) sondern auch den größten Energieanteil aufweist (Abb. 1). Bis heute wird von diesem enormen Energieangebot nur ein relativ geringer Anteil durch den Abgasturbolader rekuperiert bzw. zur Aufrechterhaltung der katalytischen Reaktion in der Abgasnachbehandlung genutzt [Zel08, Zel09a, Zel10].

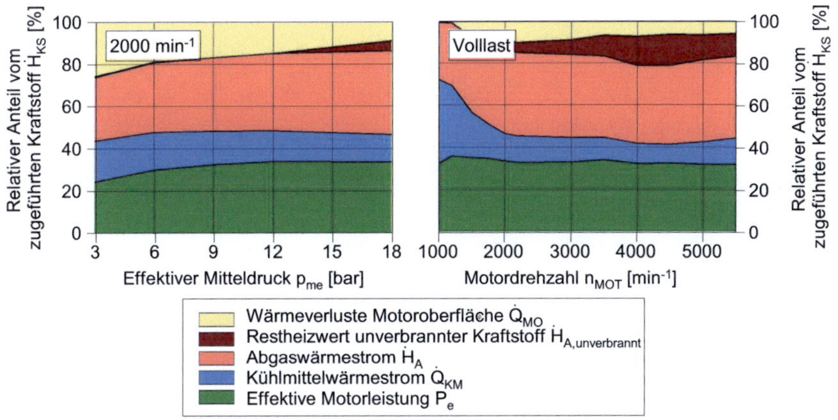

Abb. 1: Relative Verteilung der Energieströme eines DI-Ottomotors mit Abgasturbolader

Der stetig steigende Marktanteil an abgasturboaufgeladenen Ottomotoren [Wil09, Wym09] unterstreicht die Tatsache, dass mit der Nutzung der Abgasenergie sowohl Effizienz als auch Fahrdynamik kundenrelevant gesteigert werden kann. Das darauf aufbauende Downsizing von Verbrennungsmotoren gilt heute als Inbegriff für zukunftsfähige verbrauchs- und emissionsoptimierte Antriebe [Gol05]. Die für ein konsequentes Downsizing erforderliche Steigerung der hubraumspezifischen Leistung als Verhältnis von effektiver Motorleistung P_e zu Hubraum V_H, kann durch eine Anhebung von Motordrehzahl n_{MOT} und effektivem Mitteldruck p_{me} realisiert werden:

$$\frac{P_e}{V_H} \sim n_{MOT} * p_{me} \tag{Glg. 1}$$

$$p_{me} = \lambda_l * \rho_2 * \frac{H_U * \eta_e}{L_{min} * \lambda} = \lambda_l * \frac{p_2}{R_L * T_2} * \frac{H_U * \eta_e}{L_{min} * \lambda} \tag{Glg. 2}$$

Eine Erhöhung der Motordrehzahl resultiert zwangsläufig in einer Reduzierung der Gesamteffizienz des Motors, da die damit einhergehenden Reibungsverluste überproportional zunehmen. Demgegenüber muss für eine Anhebung des effektiven Mitteldruckes die Ladungsdichte ρ_2 bzw. der Ladedruck p_2 durch aktive Maßnahmen gesteigert werden. Hier können beispielsweise Abgasturbolader mit kleinen Turbinen und Wastegateregelung eingesetzt werden. Sie ermöglichen bereits bei niedrigen Abgasenthalpieströmen durch ihr Aufstauverhalten und ihr niedriges Massenträgheitsmoment des Laufzeuges ein hohes Low-end-torque und schnelle Motorresponse. Bei Volllastbetrieb und hoher Motordrehzahl hat diese Auslegung trotz Wastegateregelung zwangsläufig einen steigenden Abgasdruck vor Turbine zur Folge. Der daraus resultierende Anstieg der Ladungswechselarbeit und die unzureichende Zylinderspülung führen zu einer deutlichen Verschlechterung des Verbrennungsprozesses und einem steigenden Restgasgehalt [Sau09]. Um der damit einhergehenden verstärkten Klopfneigung entgegenzuwirken, muss ein später Zündzeitpunkt eingestellt werden. Die dadurch in Richtung Auslass-schließt verschobene Verbrennung führt zu einem weiteren Anstieg der ohnehin hohen Abgastemperatur eines Ottomotors. Infolge dessen nehmen auch die thermischen Belastungen des motornahen Abgasstranges zu.

Eine probate innermotorische Maßnahme zum thermischen Bauteilschutz abgasführender Komponenten ist die Kühlung des Abgases durch eine Anreicherung des Kraftstoff-Luft-Gemisches im Zylinder. In Abhängigkeit von der maximal zulässigen Bauteiltemperatur kann dafür eine verbrauchsintensive Absenkung des stöchiometrischen Luftverhältnisses bis zur Zündgrenze λ=0,7 erfolgen. Das Prinzip der Temperaturabsenkung beruht auf der Erwärmung und Verdampfung des überschüssigen

Kraftstoffes durch die im Brennraum vorhandene thermische Energie. Der unverbrannte Kraftstoff emittiert ungenutzt über das Abgas (Abb. 1). Die wesentlichen Nachteile einer Abgaskühlung durch unterstöchiometrische Verbrennung liegen im hohen Kraftstoffverbrauch sowie im signifikanten Anstieg der HC- und CO-Rohemissionen. Infolge des fehlenden Sauerstoffes können diese Abgasbestandteile im Dreiwegekatalysator nur unzureichend aufoxidiert werden (Abb. 2). Als Folge davon steigt auch die Konzentration der schädlichen HC- und CO-Emissionen nach dem Katalysator an.

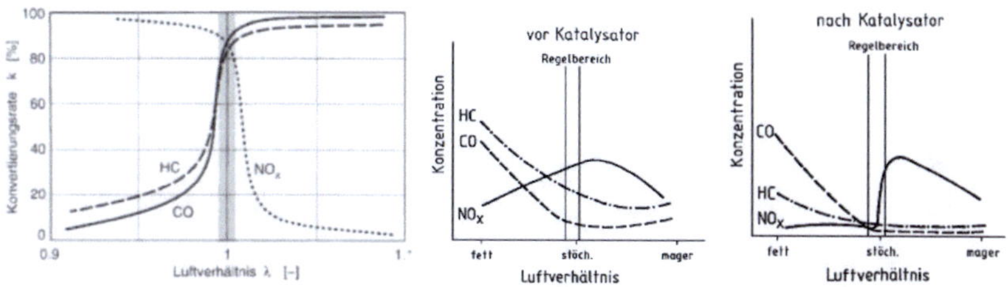

Abb. 2: Konvertierungsrate, Emissionen vor und nach Katalysator [Sch93, Sch10a]

Eine Alternative zur Kraftstoffkühlung ist der Einsatz thermisch höher belastbarer, kostenintensiverer Werkstoffe bei allen abgasbeaufschlagten Motorkomponenten, wie Auslassventile, Abgaskrümmer, Turbinengehäuse, Turbinenrad und Katalysator. Die in einer Abgasanlage auftretenden zyklischen Beanspruchungen und hohen Vibrationen schränken die dafür in Frage kommende Werkstoffauswahl deutlich ein.

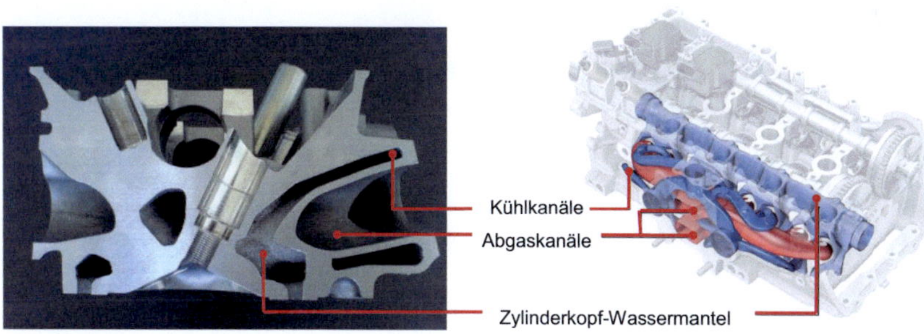

Abb. 3: Zylinderkopfintegrierter Krümmer ohne (li.) und mit Zündfolgetrennung [Now07, Eis11]

Eine dritte Möglichkeit bietet die aktive Kühlung des Abgases mit Kühlmittel. Zylinderkopfintegrierte Abgaskrümmer (Abb. 3) erreichen als Alternative zu separaten

Wärmetauschern schon bei relativ geringer kühlmittelgekühlter Kanaloberfläche eine deutliche Reduzierung bauteilkritischer Abgastemperaturen. Ein Einsatz von Zylinderköpfen, Krümmern und Turbinengehäusen aus Aluminium ist somit möglich [Kuh09a, Sor08, Eis11]. Ohne zusätzliche, zumeist verbrauchsintensive innermotorische Maßnahmen hat eine permanente Abgaskühlung allerdings zwei wesentliche Nachteile. Zum einen verlängert sich nach einem Kaltstart die Dauer bis zum Erreichen der Light-off-Temperatur des Katalysators. Zum anderen kann die Abgastemperatur bei Motorleerlauf und im Niedriglastbetrieb das erforderliche Niveau für eine katalytische Abgasnachbehandlung unterschreiten [Now07, Zel09a, Zel10].

2.2 Abgasenergierekuperation

Eine motornahe Rekuperation von Abgasenergie kann sowohl die Kühlung des Abgases als auch die Anhebung des Systemwirkungsgrades durch die Nutzung der rekuperierten Abgasenergie ermöglichen. Dass eine derartige Rekuperation von Verlustenergie bereits heute Stand der Technik ist, zeigt eine Vielzahl stationärer Anlagen von Industrie- und Kraftwerksbetrieben mit ihren nachgeschalteten Dampfprozessen und Turbocompoundsystemen. Im Fahrzeug hingegen sind bisher die Möglichkeiten zur Verlust- und speziell zur Abgasenergierekuperation auf die direkte Nutzung zur Ladeluftverdichtung per Abgasturbolader beschränkt. Systeme zur Wandlung der Verlustenergie in auskoppelbare mechanische und elektrische Energie, wie etwa Turbocompound, konnten sich nur vereinzelt durchsetzen. Infolge der drastischen Limitierung der zulässigen CO_2-Flottenemissionen durch die Gesetzgebung rückt die Abgasenergierekuperation wieder in den Fokus der Motorentwicklung. Mehrere Forschungsinstitute und Entwicklungsabteilungen untersuchen daher verschiedenste Konzepte, deren Wirkprinzipien zwar seit langem bekannt sind, aber deren serienmäßige Umsetzung im Fahrzeug aufgrund fehlender Werkstoffe oder kostenintensiver Herstellungsverfahren bisher nicht erfolgte [Sha10].

In Abbildung 4 ist eine Vielzahl verschiedenster Rekuperationskonzepte dargestellt. Sie sind hinsichtlich ihrer aktuellen Entwicklungsstände kategorisiert. Dabei ist zu erkennen, dass zwischen einer direkten Nutzung und einer Wandlung der chemischen, thermischen oder kinetischen Verlustenergie unterschieden wird. Eine traditionelle Möglichkeit zur direkten Nutzung thermischer Abgasenergie ist die Integration eines Abgaswärmetauschers, welcher beispielsweise zum beschleunigten Aufheizen des Kühlmittels verwendet werden kann. Effektiver hingegen ist die direkte oder indirekte Wandlung in elektrische Energie oder mechanische Arbeit. Diese kann in Kombination mit einem geeigneten Speicher über den Warmlauf hinweg effektiver genutzt werden. Zur Erhöhung des Rekuperationsgrades besteht weiterhin die Möglichkeit zur seriellen und parallelen Kopplung von Systemen, wie etwa Abgasturbolader und Abgaswärmetauscher [Neu10].

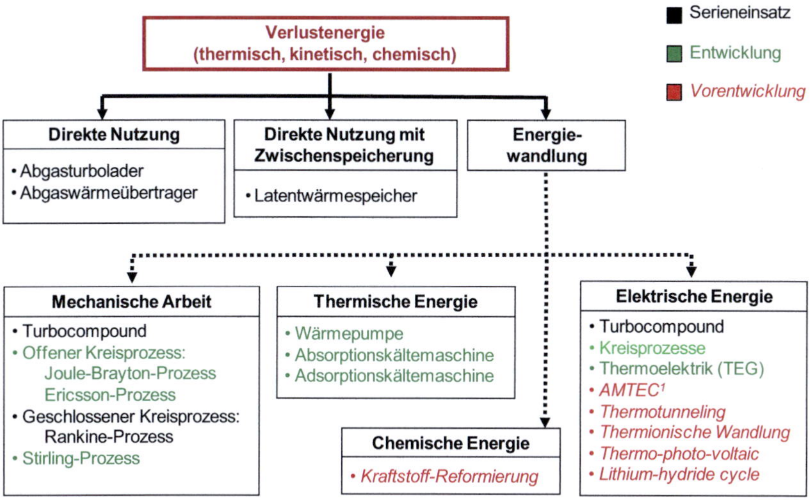

Abb. 4: Nutzungs- und Wandlungsvarianten von Verlustenergie für mobile Anwendungen

Für die Integration eines oder mehrerer Systeme in den Abgasstrang eines Verbrennungsmotors sind allerdings die physikalischen, thermodynamischen und thermochemischen Gesetzmäßigkeiten und Restriktionen des Gesamtprozesses zu berücksichtigen. Die wesentlichen Kriterien hierbei sind eine möglichst geringe Beeinträchtigung des Verbrennungsprozesses und die Absicherung optimaler Temperaturbedingungen zur katalytischen Abgasnachbehandlung.

Wird eine umfangreiche Rekuperation der Verlustenergien angestrebt, so sind genaue Kenntnisse über die komplexen energetischen Vorgänge des Verbrennungs-

[1] AMTEC: Alkali-Metal Thermo-Electric Converter [Nak93]

motors und der Systemperipherie erforderlich. Für die Auslegung eines Rekuperationssystems bedarf es vor allem einer konkreten motor- und einsatzspezifischen Energiebilanzierung. Eine vereinfachte allgemeingültige Aufteilung der zu- und abgeführten Energieströme anhand der Ein-Drittel-Regel[1] ist nicht ausreichend. Stattdessen müssen umfangreiche Berechnungen und Messungen aufzeigen, mit welcher Quantität und Qualität die jeweiligen Energieverluste für eine Rekuperation zur Verfügung stehen. Eine Bilanz der Energieströme beinhaltet somit mindestens die mittels Kraftstoff $\dot{\mathrm{H}}_{\mathrm{KS}}$ und Ansaugluft $\dot{\mathrm{H}}_{\mathrm{L}}$ zugeführten Enthalpieströme, die effektive Motorleistung $\mathrm{P_e}$ sowie die ungenutzt über Abgas $\dot{\mathrm{H}}_{\mathrm{A}}$, Kühlmittel $\dot{\mathrm{Q}}_{\mathrm{KM}}$, Motoroberfläche $\dot{\mathrm{Q}}_{\mathrm{MO}}$ und unverbrannten Kraftstoff $\dot{\mathrm{H}}_{\mathrm{A,unverbrannt}}$ emittierten Enthalpieströme. Im dynamischen Betrieb ist zusätzlich die zeitliche Änderung der inneren Energie des Verbrennungsmotors $\mathrm{U_{MOT}}$ zu berücksichtigen:

$$\frac{dU_{MOT}}{dt} = \dot{H}_{KS} + \dot{H}_L - P_e - \dot{H}_A - \dot{Q}_{KM} - \dot{Q}_{MO} - \dot{H}_{A,unverbrannt} \qquad \textbf{Glg. 3}$$

Die Grenze der maximal möglichen Rekuperation von Verlustenergien (z.B. Wärme) ist in erster Linie durch physikalische Gesetze definiert. Der Zusammenhang zwischen Wärme Q, innere Energie U und Arbeit W ist im ersten Hauptsatz der Thermodynamik definiert (Glg. 4). Eine Umwandlung der Energieformen untereinander ist nur beschränkt möglich. Das gilt vor allem für die Überführung von Wärme in mechanische Arbeit oder elektrische Energie [Bae09].

$$\Delta U = \Delta Q + \Delta W \qquad \textbf{Glg. 4}$$

$$\eta_C = \frac{(T_H - T_K)(s_H - s_K)}{T_H(s_H - s_K)} = 1 - \frac{T_K}{T_H} = \frac{W}{Q} \qquad \textbf{Glg. 5}$$

Der Carnot-Wirkungsgrad η_C ist ein Maß für die Umwandlungsfähigkeit von thermischer Energie Q in Arbeit W. Er definiert sich aus dem Verhältnis der thermischen Energieniveaus, welche beispielsweise an einem Wärmetauscher aufgrund der unterschiedlichen Heiß- und Kaltseitentemperaturen T_H und T_K auftreten (Glg. 5). Ist die zur Verfügung stehende Temperaturdifferenz (T_H-T_K) groß, so ist auch der aus der

[1]Laut Ein-Drittel-Regel teilt sich die Kraftstoffenergie in jeweils ein Drittel mechanische Energie, Abgasenthalpie und Kühlmittelwärme auf [Huc08].

Abwärme Q verwertbare Energieanteil sowie der maximal mögliche Rekuperationswirkungsgrad hoch. Das im Fahrzeug zur Verfügung stehende untere Temperaturniveau T_K ist relativ fest durch die Umgebungs-, Kältekreis- und Kühlmitteltemperatur vorgegeben. Ein Anstieg der Heißseitentemperatur T_H und somit auch der Abgasexergie $E_{x,A}$ kann hingegen durch eine Anhebung des Abgastemperaturniveaus oder durch eine motornahe Integration des Rekuperationssystems, idealerweise vor dem Abgasturbolader, erfolgen. Eine höhere Abgastemperatur vor dem Rekuperationssystem ist nur durch innermotorische Maßnahmen, entsprechende Ventilsteuerzeiten und hochtemperaturfeste oder thermisch isolierte Abgaskanälen umsetzbar. Ein motornah positioniertes Rekuperationssystem kann das Exergieangebot des Motors (Abb. 5) effektiver nutzen und das Abgas gleichzeitig kühlen. Im Idealfall bedeutet letzteres den Verzicht auf eine Kraftstoffanreicherung zum thermischen Bauteilschutz von Turbolader und Katalysator [Zel10].

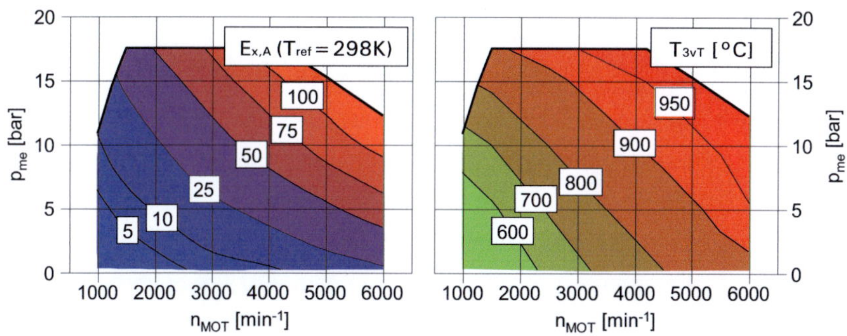

Abb. 5: Abgasexergiestrom und Abgastemperatur vor Turbine eines DI-Ottomotors

Die vorliegende Arbeit beschäftigt sich mit einem motornah positionierten thermoelektrischen Generator und dessen Interaktion mit dem nachgeschalteten Abgasturbolader. Die Wirkprinzipien sowie die jeweiligen Vor- und Nachteile beider Rekuperationssysteme werden in den folgenden Abschnitten vorgestellt und diskutiert.

2.2.1 Abgasturbolader

Die Nutzung von Abgasenergie zur Vorverdichtung der Ladeluft ist das bekannteste und bisher einzige serienmäßig integrierte Abgasrekuperationssystem im Pkw-Motor. Die dafür eingesetzten Abgasturbolader sind Strömungsmaschinen und wandeln üblicherweise mit Hilfe einer Radialturbine einen Teil der Abgasexergie in mechanische

Arbeit um. Über eine Welle wird damit ein Radialverdichter angetrieben. Dieser saugt Frischluft an und drückt die vorverdichtete Luft entweder direkt oder über einen Ladeluftkühler in die Zylinder. Die Laufzeugdrehzahl stellt sich auf Basis des Leistungsgleichgewichtes zwischen Turbine und Verdichter ein. Die vom Verdichter aufgenommene Leistung P_V entspricht der von der Turbine abgegebenen Leistung P_T abzüglich der drehzahlabhängigen Reibungsverluste der Wellenlagerung P_{mech} und der im transienten Betrieb relevanten Leistung P_{dyn} zur Laufzeugbeschleunigung [Hie03]:

$$P_V = -P_T - P_{mech} - P_{dyn} \qquad \textbf{Glg. 6}$$

$$P_{dyn} = J_{ATL} * \frac{d\omega_{ATL}}{dt} * \omega_{ATL} \qquad \textbf{Glg. 7}$$

Die Verdichter- und Turbinenleistung an der Welle lässt sich wie folgt berechnen:

$$P_V = \frac{\dot{m}_V}{\eta_{s,V} * \eta_{V,mech}} * \Delta h_{s,V} = \frac{\dot{m}_V}{\eta_{s,V} * \eta_{V,mech}} * \mathrm{c}_{\mathrm{p},1} * \mathrm{T}_1 * \left(\left(\frac{\mathrm{p}_2}{\mathrm{p}_1} \right)^{\frac{\kappa_1 - 1}{\kappa_1}} - 1 \right) \qquad \textbf{Glg. 8}$$

$$P_T = \dot{m}_T * \eta_T * \Delta h_{s,T} = \dot{m}_T * \eta_{s,T} * \eta_{T,mech} * \mathrm{c}_{\mathrm{p},3} * \mathrm{T}_3 * \left(1 - \left(\frac{\mathrm{p}_4}{\mathrm{p}_3} \right)^{\frac{\kappa_3 - 1}{\kappa_3}} \right) \qquad \textbf{Glg. 9}$$

Die Kopplung von Verbrennungsmotor und Abgasturbolader ist prinzipiell durch eine Stau- oder Stoßaufladung möglich. Bei der Stauaufladung (Abb. 6/links) wird das Abgas der Zylinder in einer Sammelleitung zusammengeführt. Dessen Leitungsvolumen $V_{Leitung}$ entspricht mindestens dem Hubvolumen V_H. Beim Öffnen des Auslassventils strömt das Abgas mit hoher Geschwindigkeit in den Sammelbehälter. Durch Verwirbelungen wird die kinetische Energie abgebaut. Das Abgas expandiert auf den Druck des Sammelbehälters. Sämtliche Druckstöße des Motors werden gedämpft und die Turbine mit nahezu konstantem Abgasdruck beaufschlagt. Der zeitlich konstante Turbinenmassenstrom ermöglicht einen guten Wirkungsgrad bei relativ klein ausgelegter Turbine [Hie03]. Wesentlicher Nachteil des Verfahrens ist sein schlechtes Responseverhalten. Im Fall einer Lastaufschaltung muss zunächst das komplette Leitungsvolumen auf das neue Druckniveau angehoben werden. Erst danach wird die Turbine beschleunigt und der Ladedruck aufgebaut.

Die Stoßaufladung (Abb. 6/rechts) hingegen nutzt neben der quasistatischen Abgasenergie auch die in Form von Druckwellen vorhandene kinetische Energie [Hie03]. Dazu wird das Abgas der einzelnen Zylinder in einem Krümmer mit möglichst kleinem Leitungsvolumen ($V_{Leitung}<V_H$) direkt zur Turbine geführt. Die kinetische Energie des Auslassstoßes trägt somit wesentlich zur Beschleunigung der Turbine bei. Um unerwünschte Reflexionen zu vermeiden, werden die Leitungsquerschnitte in etwa konstant gehalten. Bei Motoren mit größerer Zylinderzahl werden dafür mehrere Zylindergruppen entsprechend ihres Zündabstandes und ihrer Auslassventilöffnungsdauer zusammengeschaltet. Die einzelnen Abgasstränge können dann zu einem Mono- oder Twinscrolllader bzw. zu mehreren parallel betriebenen Abgasturboladern geführt werden. Ungünstig an dem Verfahren ist das geringe mittlere Schluckvermögen und der damit einhergehende geringere mittlere Wirkungsgrad der Turbine.

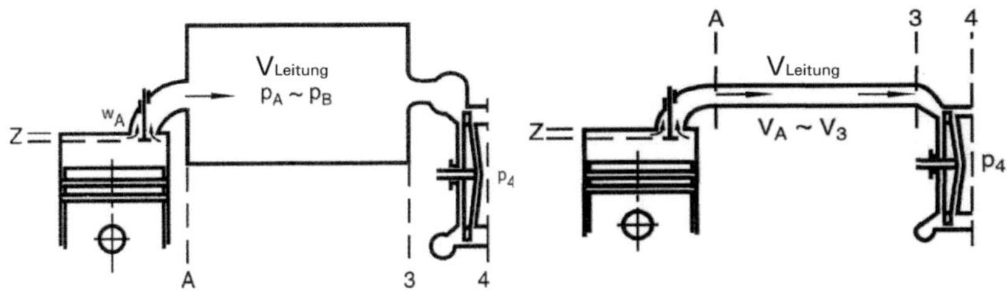

Abb. 6: Schema Stau- und Stoßaufladung [Hie03]

Die Durchsatzcharakteristik von Verbrennungsmotor und Abgasturbolader weist deutliche Unterschiede auf. Wie oben aufgeführt, benötigt ein Verbrennungsmotor als Kolbenverdränger bereits bei niedrigen Drehzahlen einen hohen Ladedruck. Dies bedingt die Auslegung des Turboladers auf eine hohe Verdichterdrehzahl bei geringem Luftdurchsatz. Möglichkeiten der Regelung des dadurch rasch ansteigenden Lade- und Abgasdruckes sind: das Abblasen von Luft oder Abgas (Wastegate), die verdichter- oder turbinenseitige Drosselung und die Leitschaufelverstellung an Verdichter oder Turbine [Hie03]. Als Standard hat sich der Einsatz eines Wastegate etabliert. Das Betätigen erfolgt entweder über pneumatische oder elektrische Aktuatoren. Abbildung 7 zeigt eine mögliche Öffnungscharakteristik am DI-Ottomotor.

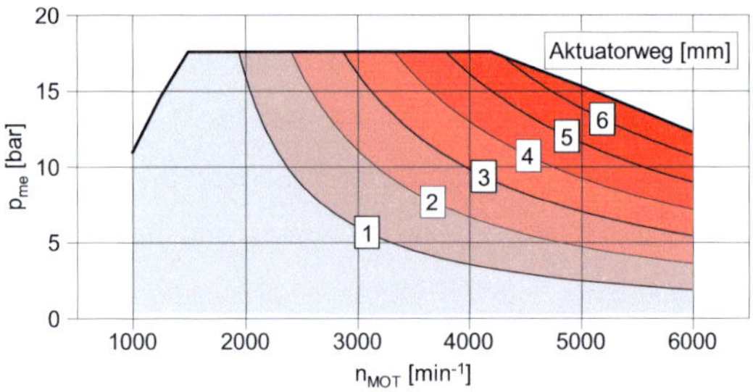

Abb. 7: Öffnungscharakteristik eines Wastegatestellers am DI-Ottomotor

Erstellt man eine Energiebilanz für den Abgasturbolader [Zel10a], so zeigt sich, dass bei geringen Durchsätzen (z.B. 70 km/h Konstantfahrt) nur ein sehr geringer Anteil der Abgasexergie rekuperiert werden kann. Dafür sind vor allem der schlechte Systemwirkungsgrad und ein zu niedriges Turbinendruckverhältnis verantwortlich. Bei Nennleistung hingegen könnte die Turbine über zwei Drittel der zur Verfügung stehenden Abgasexergie verwerten. Wie oben aufgeführt, muss aber zur Ladedruckbegrenzung ein erheblicher Anteil (bis über 30 Prozent) des Abgasmassenstromes über das Wastegate an der Turbine vorbeigeleitet werden. Das Abblasen von Abgas vor der Turbine impliziert zwangsläufig einen Anstieg des Kraftstoffverbrauches, da die zusätzliche Ausschiebearbeit des Motors nicht mehr zurückgewonnen werden kann.

Fazit ist, dass ein Abgasturbolader sowohl im Teil- als auch im Volllastbetrieb die zur Verfügung stehende Abgasexergie nicht vollständig verwertet. Die Integration eines weiteren Rekuperationssystems in den Abgasstrang eines Verbrennungsmotors ist demnach energetisch sinnvoll.

2.2.2 Abgaswärmetauscher mit thermoelektrischen Generatoren

Ein weiteres System zur Verlustwärmenutzung, welches neben dem Abgasturbolader im Fahrzeug zum Einsatz kommen kann, ist der thermoelektrische Generator. Wie oben aufgeführt, besteht er aus elektrisch verschalteten Leiter- oder Halbleitermodulen (Abb. 8). Diese werden in einem Wärmetauscher zwischen zwei Medien integriert, die ein unterschiedliches Temperaturniveau aufweisen (z.B. Abgas und Kühlmittel). Ein TEG basiert auf dem thermoelektrischen Phänomen, welches nach seinem Entdecker als Seebeck-Effekt bezeichnet wird.

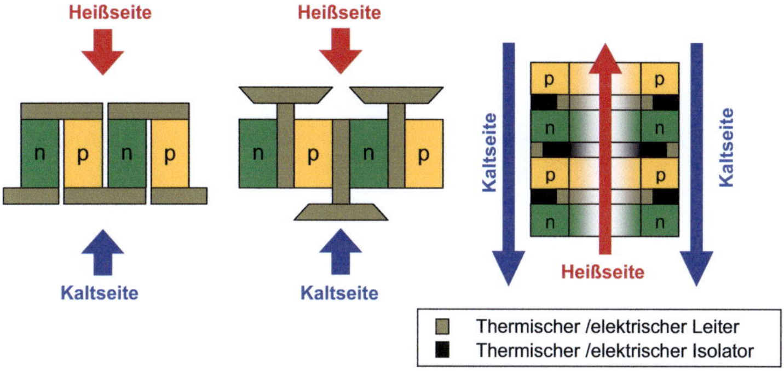

Abb. 8: Schematischer Aufbau TE-Module (traditionelle Form, Y-Form und Ringform)

Die physikalischen Vorgänge des Seebeck-Effektes können anhand des klassischen Drude-Modells beschrieben werden [Ang71]. Infolge des Temperaturunterschiedes stellt sich mittels Thermodiffusion eine Ladungsbewegung bzw. Ladungsträgerverschiebung in dem elektrischen Leiter ein. Ladungsträger auf der Heißseite werden stärker als jene auf der Kaltseite angeregt, um vom Valenzband in das Leitungsband überzugehen. Infolge des Konzentrationsunterschiedes wandern dann die Ladungsträger von der Heißseite auf die Kaltseite. Eine positive (p) oder negative (n) Dotierung[1] der Schenkelmaterialien kann die Ladungsträgerbewegung weiter steigern. Beim n-Halbleiter ($S<0$) fungieren als Ladungsträger negativ geladene Elektronen und beim p-Halbleiter ($S>0$) positiv geladene Löcher. Infolge der unterschiedlichen Ladungsträgerarten und der daraus resultierenden gegensätzlichen Potenzialdifferenz summiert sich die Thermospannung an den Schenkelenden. Die generierte Thermospannung U_{TEG} (Glg. 10) ist proportional zur Temperaturdifferenz von Heiß- und Kaltseite (T_H-T_K) und dem materialspezifischen thermoelektrischen Koeffizienten. Letzterer wird als absoluter Seebeck-Koeffizient S bezeichnet. Die thermoelektrisch generierte Spannung U_{TE} kann unter Berücksichtigung des Modulinnenwiderstandes R_{TEG} als Gleichspannung abgegriffen und zur Bordnetzversorgung genutzt werden:

$$U_{TEG} = (S_p - S_n)(T_H - T_K) - I * R_{TEG} = U_{TE} - I * R_{TEG} \qquad \textbf{Glg. 10}$$

[1] Einbringung von Fremdatomen in das Materialgefüge

Beim Anlegen einer Temperaturdifferenz an die Schenkelmaterialien treten neben dem Seebeck-Effekt auch Peltier-, Thomson- und Joule-Effekte auf. Deren physikalisches Zusammenspiel beeinflusst die Eigenschaften eines thermoelektrischen Moduls maßgeblich. Als weiterführende Literatur sei an dieser Stelle auf Angrist [Ang71] verwiesen.

Einheitlich wird die Fähigkeit zur thermoelektrischen Energiewandlung einzelner Materialien durch den zT-Wert (Material Figure of Merit) bzw. eines thermoelektrischen Moduls (TEM) durch den ZT-Wert (Device Figure of Merit) beschrieben [Gol60, Sny08]. Beide definieren sich über den Seebeck-Koeffizienten, sowie dem Verhältnis von elektrischer Leitfähigkeit σ zu spezifischer Wärmeleitfähigkeit λ der einzelnen Schenkelmaterialien p und n bzw. des TE-Moduls. Während der zT-Wert in Abhängigkeit von der absoluten Temperatur T ermittelt wird, definiert sich der ZT-Wert des Gesamtmoduls durch die arithmetisch gemittelte Heiß- und Kaltseitentemperatur:

$$zT(T) = \frac{S^2 * \sigma}{\lambda} * T \quad \textbf{Glg. 11}$$

$$ZT = \frac{(S_p - S_n)^2}{\left(\sqrt{\lambda_p/\sigma_p} + \sqrt{\lambda_n/\sigma_n}\right)^2} * \frac{T_H + T_K}{2} = \frac{{S_{TEM}}^2 * \sigma_{TEM}}{\lambda_{TEM}} * \frac{T_H + T_K}{2} \quad \textbf{Glg. 12}$$

Für einen hohen zT- bzw. ZT-Wert müssen thermoelektrische Materialien zusätzlich zum entsprechenden Seebeck-Koeffizienten thermisch isolierend wirken und gleichzeitig eine gute elektrische Leitfähigkeit besitzen. Beide Eigenschaften sind aber direkt von der Dichte der zur Verfügung stehenden Ladungsträger abhängig und zeigen ein tendenziell gegenläufiges Verhalten. Eine Lösung dieses Konfliktes kann durch Beeinflussung der Morphologie und Dotierung der Halbleiter herbeigeführt werden.

Der Gesamtwirkungsgrad thermoelektrischer Module η_{TEM} und letztendlich auch des gesamten TEG definiert sich durch den ZT-Wert und dem Verhältnis von Heiß- zur Kaltseitentemperatur. Er wird durch den Carnot-Wirkungsgrad η_C begrenzt und anhand folgender Gleichung berechnet:

$$\eta_{TEM} = \frac{\sqrt{1+ZT} - 1}{\sqrt{1+ZT} + \frac{T_K}{T_H}} * \frac{T_H - T_K}{T_H} = \frac{\sqrt{1+ZT} - 1}{\sqrt{1+ZT} + \frac{T_K}{T_H}} * \eta_C \quad \textbf{Glg. 13}$$

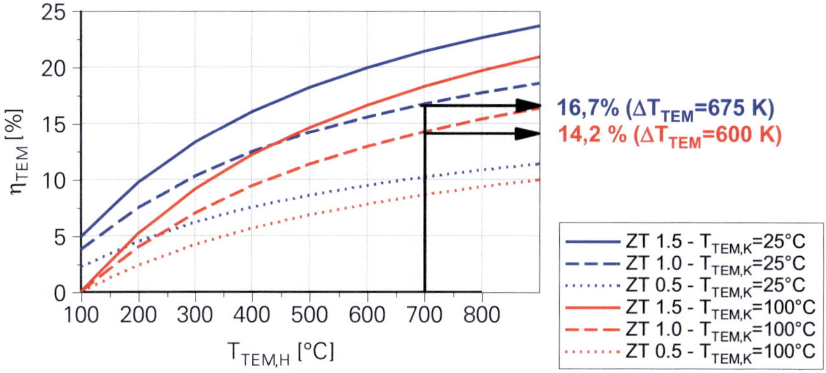

Abb. 9: Thermoelektrischer Wirkungsgrad über Temperaturdifferenz und Gütezahl ZT

Abbildung 9 zeigt den Einfluss der Heiß- und Kaltseitentemperatur auf die Modul-Effizienz. Für eine Abgasenergierekuperation mittels TEG lässt sich daraus schließen, dass eine sehr hohe Heißseitentemperatur $T_{TEM,H}$ anzustreben ist. Für die Module bedeutet dies eine dauerhaft hohe thermische Beanspruchung. Eine Vielzahl der derzeit in Großserie hergestellten thermoelektrischen Materialien, wie etwa Bismuthtellurid (Bi_2Te_3), ist nur bis 300°C einsatzfähig. Für höhere Temperaturen werden aktuell nur Bleitelluride (PbTe) und Silicium-Germanium-Verbindungen (SiGe) mit einem zT-Optimum bei 400°C bzw. 900°C (Abb. 10) in großer Stückzahl gefertigt.

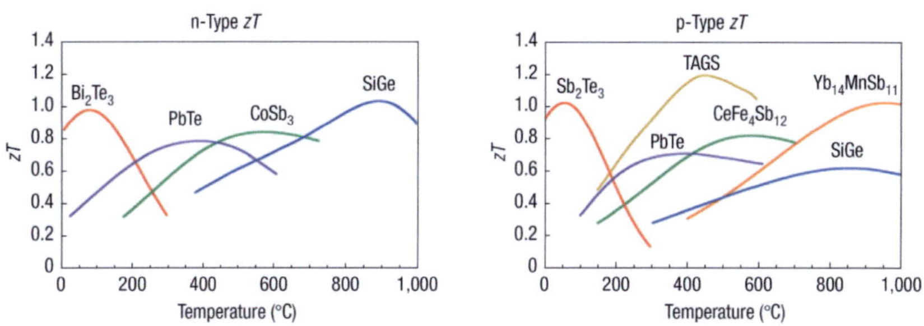

Abb. 10: zT-Werte und Einsatztemperaturen thermoelektrischer Materialien [Sny08]

Für zukünftige Anwendungen in der Automobiltechnik werden als alternativ Materialien vor allem Skutterudite (z.B. $CoSb_3$, $CeFe_4Sb_{12}$) [Sti09, Mei10] und Half-Heusler-Verbindungen [Kon06, Tos07] untersucht. Bei einer Temperaturbeständigkeit von über 600°C ist mit ihnen eine motornahe Integration ohne Bypass umsetzbar. Die wesentlichen Anforderungen an thermoelektrische Materialien und Module für den serienmäßigen Einsatz im Abgasstrang eines Fahrzeuges sind:

- Hohe thermoelektrische Effizienz über ein breites Temperaturspektrum
- Mechanische und thermische Stabilität
- Umweltverträglichkeit und Erfüllung gesetzlicher Regularien
- Großserientauglichkeit, geringe Material- und Herstellungskosten
- Unkritisches Verhältnis zwischen (prognostiziertem) Ressourcenangebot und Materialbedarf [EU10, Wei11]

In der Literatur werden eine Vielzahl von patentierten Ansätzen und real umgesetzten Prototypen zur Integration von TEGs in den Abgasstrang eines Verbrennungsmotors vorgestellt. Primäre Aufgabe aller Konzepte ist die Verbrauchssenkung durch Entlastung des riemengetriebenen Generators. Dieser erzeugt für die Versorgung des Fahrzeugbordnetzes zwischen 200 und 2000 Watt elektrischer Leistung. Der Wirkungsgrad dieser Stromerzeugung liegt durchschnittlich bei etwa 20 Prozent (Verbrennungsmotor 30 Prozent, Riemen 98 Prozent, Generator 70 Prozent). Untersuchungen zeigen, dass durch diese niedrige Gesamteffizienz für die Bereitstellung von 100 Watt elektrischer Leistung ein Mehrverbrauch von etwa 0,1 l/100 km bei typischen Stadt- und Überlandfahrten nötig sind. Weiterhin kann die im Abgaswärmetauscher vom TEG nicht verwertete Abwärme, bei entsprechender Kühlsystemauslegung, das Motorkühlmittel während der Warmlaufphase zusätzlich aufheizen. Dadurch werden Verbrennungsmotor und Motoröl schneller erwärmt und die Reibung minimiert. Diese Synergieeffekte reduzieren ebenfalls Verbrauch und Emissionen im täglichen Fahrbetrieb. Zusätzlich kann im Winter, infolge der schnelleren Motorerwärmung, die Heizung früher aktiviert werden, was Komfort und Sicherheit erhöht.

Bisherige Entwicklungsansätze und Prototypen integrieren die thermoelektrischen Generatoren bevorzugt direkt im Abgaskatalysator [Kwa03, Mei10] oder in einem Bypass danach (Abb. 11/links) [Maz10]. Dadurch wird der Konflikt zwischen Abgasnachbehandlung und thermischer Energierekuperation vor allem während der Kaltstartphase und im Niedriglastbetrieb vermieden. Alternativ zu Abgaswärmetauschern mit konventionellen planen Modulen wird die Integration rohrförmiger TEGs untersucht [Neu10]. Diese sollen direkt in den Kühler der Abgasrückführung integriert werden (Abb. 11/rechts).

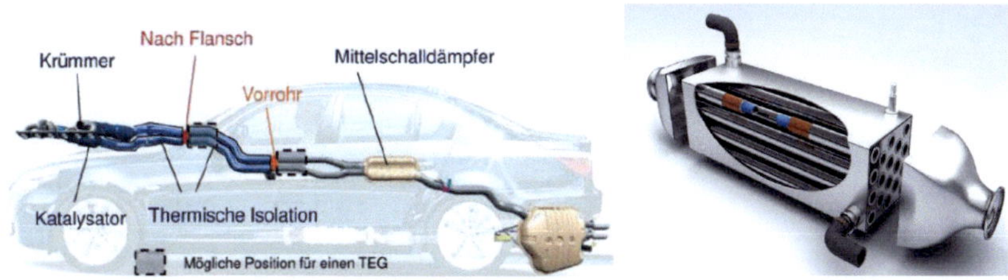

Abb. 11: TEG-Integration nach Katalysator und in der Abgasrückführung [Maz10, Neu10]

Eine motornahe Integration thermoelektrischer Module wird im Patent DE102009002596 [Kuh09] vorgestellt (Abb. 12). Die Rekuperation erfolgt direkt im Zylinderkopf oder im kühlmittelgekühlten Abgaskrümmer. Vorteilhaft an dieser TEG-Integration ist der sehr kompakte Aufbau. Nachteilig ist der dafür notwendige Kompromiss zwischen hoher Rekuperationseffizienz und niedrigen Kaltstartemissionen. Einerseits lässt die relativ geringe abgasbeaufschlagte Oberfläche der patentierten Kanalführung keine umfangreiche Rekuperation zu. Andererseits führt eine Vergrößerung der Wärmetauscheroberfläche, beispielsweise durch Berippung, unweigerlich zu einem unverhältnismäßig hohen Abgasgegendruck und zur oben genannten Verlängerung der Light-off-Dauer nach einem Kaltstart.

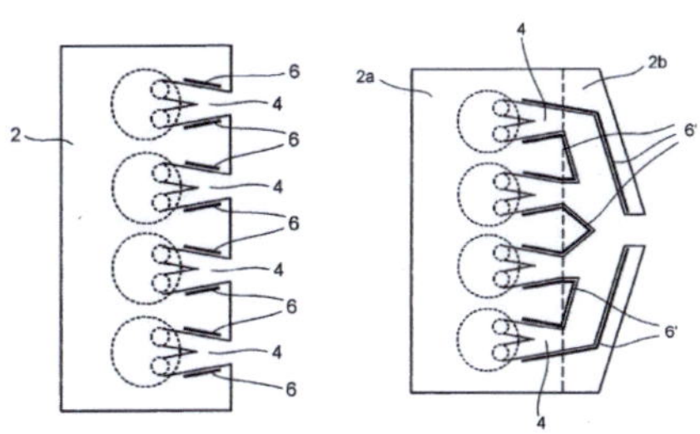

2	Zylinderkopfintegrierter Abgaskrümmer
2a	Zylinderkopf
2b	Abgaskrümmer
4	Auslasskanäle
6	Thermoelektrische Module

Abb. 12: Direkte motornahe Abgasenergierekuperation mit TEG [Kuh10]

3 Zielstellung und Lösungsansatz

Der maximal erreichbare Wirkungsgrad einer thermischen Rekuperation steigt infolge des Carnot-Wirkungsgrades mit zunehmender Abgastemperatur. Eine motornahe Integration des dafür erforderlichen Wärmetauschers ist somit anzustreben. Allerdings muss zur Verbesserung der Gesamtsystemeffizienz sowohl beim Einbau als auch bei der Systemabstimmung eine Vielzahl von Wechselwirkungen berücksichtigt werden. Besonders hervorzuheben sind die Einflüsse auf den Verbrennungsprozess durch steigenden Abgasgegendruck und die Interaktion von Wärmetauscher und Abgasturbolader infolge der Vergrößerung des Abgasvolumens und der Reduzierung des Abgasenthalpiestromes vor Turbineneintritt. Die Rückwirkung der vergrößerten abgasführenden Oberflächen auf die Abgasnachbehandlung ist vor allem während der Katalysatorheizphase von großer Bedeutung. Neben der Rekuperation von Abgas- in Nutzenergie, beispielweise mittels thermoelektrischer Generatoren, bietet das konventionelle Abgasenergiemanagement und Thermomanagement abgasturboaufgeladener Ottomotoren weitere Ansätze zur Verbesserung des Gesamtwirkungsgrades. Dazu zählen die Minimierung der Kraftstoffanreicherung für den Bauteilschutz und die Abwärmenutzung zur Warmlaufbeschleunigung nach einem Kaltstart.

Ziel der Arbeit ist daher die Entwicklung eines motornah angeordneten Abgas-Kühlmittel-Wärmetauscherverbundes zur umfangreicheren Abgasenergienutzung eines abgasturboaufgeladenen direkteinspritzenden Vierzylinder-Ottomotors. Wesentlicher Fokus liegt dabei auf einer hohen thermoelektrischen Effizienz ohne signifikante Rückwirkungen auf Verbrennungsprozess und Motorperformance.

Als Rekuperationssystem dient ein thermoelektrischer Generator, der in einen Wärmetauscherverbund integriert wird. Die konstruktive Auslegung der Wärmetauscherkomponenten und die Ermittlung der Systemeffizienz basieren auf veröffentlichten Kenndaten hochtemperaturfester thermoelektrischer Module. Unter Berücksichtigung von Systemperformance (Low-end-torque, Nennleistung, Response), Thermomanagement (Kaltstart, Warmlauf, Volllastbetrieb) und Abgasemissionen (Kaltstart, Motorleerlauf) soll durch den Einsatz dieses motornahen TEG-Wärmetauschers die Systemeffizienz des Verbrennungsmotors und der Peripherie sowohl durch die Rekuperation selbst als auch durch Synergieeffekte verbessert werden.

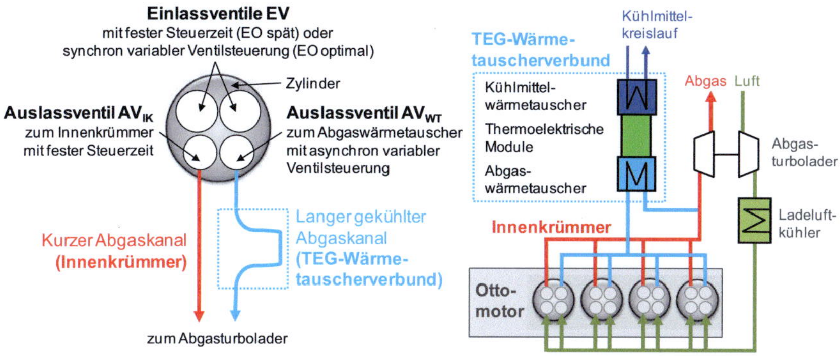

Abb. 13: Schema grundsätzlicher Lösungsansatz (links) und Motorintegration (rechts)

Einen Lösungsansatz für diese Zielstellung bietet die parallele Anordnung von Abgas- bzw. Innenkrümmer und kühlmittelgekühlten TEG-Abgaswärmetauscher (Abb. 13). Ausgehend von einem Verbrennungsmotor mit zwei Auslassventilen pro Zylinder, erfolgt die Durchströmung von Krümmer und Wärmetauscher auslasskanalselektiv. Auf eine Durchflussregelung mittels zusätzlicher Steuerklappen und Ventile wird aufgrund der hohen thermischen Belastung und des geringen Bauraumes verzichtet. Stattdessen wird in dieser Arbeit der Einsatz einer asynchron variablen Auslassventilsteuerung untersucht. Diese erlaubt in Abhängigkeit ihres Variabilitätsgrades eine gezielte Aufteilung der zur Verfügung stehenden Abgasenthalpie.

Nach einer vorangestellten theoretischen Vorbetrachtung, die das Grenzpotenzial und die systembedingten Restriktionen einer motornahen Abgasenergierekuperation aufzeigt, folgt als erster Schwerpunkt der Arbeit die Ermittlung einer geeigneten Abgaskanalführung. Die Ergebnisse dieses Vergleichs zwischen verschiedenen Kanalführungen und deren Anbindung an einen Abgasturbolader dienen als Basis für die darauffolgende Auslegung und Konstruktion eines TEG-Wärmetauscherverbundes.

Im zweiten Schwerpunkt der Arbeit wird der Einfluss einer motornahen Abgasenergierekuperation auf Motorperformance, Thermomanagement und Katalysatortemperaturen untersucht. Dazu wird, ausgehend von den Versuchsergebnissen mit fester Ventilsteuerzeit und spätem Einlass-öffnet (EO spät), das Zusammenwirken von TEG-Wärmetauscherverbund, variabler Einlassventilsteuerung (EO optimal) und asynchron variabler Auslassventilsteuerung mit Hilfe umfangreicher Motorprozess- und CFD-Simulationen ermittelt und dem serienmäßigen Motor gegenübergestellt.

4 Simulations- und Prüfstandsumgebung

4.1 Versuchsträger

Als Basis für die in dieser Arbeit ausgeführten Auslegungen und experimentellen Untersuchungen dient ein homogen betriebener benzindirekteinspritzender Vierzylinder-Ottomotor (Tab. 1). Serienmäßig ist der Versuchsmotor mit einer variablen Einlassnockenwelle mit einer Öffnungsdauer von ED=190°$KW_{1mm\text{-}1mm}$ und einem 60°KW-Phasensteller ausgerüstet. Der Einlassphasensteller des Basismotors ist in der Spätstellung EO=397°$KW_{nZOT,1mm}$ (EO spät) fixiert. Die Auslassventile schließen nach einer Öffnungsdauer von AD=180°$KW_{1mm\text{-}1mm}$ zum Zeitpunkt AS=350°$KW_{nZOT,1mm}$. Das Abgasturbolader-Krümmermodul mit Zündfolgekrümmer und Turbinengehäuse besteht aus hochlegiertem Grauguss D5S und ist für Abgastemperaturen bis 980°C einsatzfähig. Die Aufladung erfolgt über einen wassergekühlten Monoscroll-Abgasturbolader der Baureihe K03 von BorgWarner Turbo Systems. Die Ladeluft wird durch einen Luft-Wasser-Wärmetauscher auf 30°C gekühlt.

Tab. 1: Kennwerte des Versuchsmotors [Boe08, Hel08]

Zylinderzahl / Ventile pro Zylinder	4 / 4
Ventiltrieb	Zwei oben liegende Nockenwellen Rollenschlepphebel
Hubraum	1798 cm^3
Drehmoment	250 Nm bei 1400 - 4500 min^{-1}
Leistung	118 kW bei 5000 - 6200 min^{-1}
Verdichtung	9,6
Kraftstoffart	ROZ 95
Hub / Bohrung	84,1 mm / 82,5 mm
Pleuellänge	148 mm
Ventildurchmesser / -hub	einlassseitig 33,85 mm / 10,7 mm auslassseitig 28,00 mm / 8,4 mm
Abgasnorm	EU IV

Die der Arbeit zugrundeliegenden Straßen- und Rollenprüfstandsmessungen sowie die Parametrierung von Motorprüfstand, Motorprozess- und Kühlkreislaufsimulationen basieren auf dem in der folgenden Tabelle beschriebenen Fahrzeug:

Tab. 2: Kennwerte des Modell- und Versuchsfahrzeuges [Aud08]

Fahrzeugsegment		B-Segment
Motoreinbaulage		quer
Luftwiderstandsbeiwert		0,33
Stirnfläche		2,13 m²
Reifengröße		205/55 R16
Getriebebauart		6-Gang Schaltgetriebe, vollsynchronisiert
Getriebeübersetzung im 1. Gang / 2. Gang		3,778 / 2,063
Getriebeübersetzung im 3. Gang / 4. Gang		1,455 / 1,107
Getriebeübersetzung im 5. Gang / 6. Gang		0,875 / 0,725
Achsübersetzung 1.- 4. / 5.- 6. Gang		3,600 / 3,647
Leergewicht / Zulässiges Gesamtgewicht		1280 kg / 1840 kg
Maximale Anhängelast		1400 kg
Bordnetz	Generator	140 A
	Batterie	Blei, 280 A / 60 Ah
Kühlung	Typ	Zwangsumlaufkühlung
	Kühlmittel	Wasser-Glykol-Gemisch 50:50
	Antrieb Kühlmittelpumpe	Zahnriemen, starre Übersetzung
	Maximale Lüfterleistung	2 x 320 W

4.2 Numerische Simulation

4.2.1 Motorprozessrechnung - Verbrennung und Ladungswechsel

Die Berechnung der innermotorischen Verbrennung sowie der Gasdynamik im Ansaug- und Abgassystem erfolgt durch die Softwarebibliothek GT-Suite Version 7.1 Build 3 der Firma Gamma Technologies [GTI10]. Auf Basis der eindimensionalen Motorprozesssimulation werden mit der Bibliothekskomponente GT-Power unter Vorgabe motor- und regelungsspezifischer Parameter sämtliche Stoff- und Wärmeströme im Verbrennungsmotor und in den Gaspfaden ermittelt. Ein bereits am Lehrstuhl bestehendes Simulationsmodell für einen abgasturboaufgeladenen direkteinspritzenden Ottomotor [Ros08] wurde für die Untersuchungen angepasst und erweitert.

Für die Berechnung der Verbrennung kommt ein in GT-Power implementiertes phänomenologisches Mehr-Zonen-Modell zum Einsatz, welches auf dem erweiterten Entrainment-Modell von Hires, Tabaczynski und Novak basiert [GTI10]. Durch diesen rechenintensiven Ansatz können eine Vielzahl von verbrennungsrelevanten Parametern, wie Zündzeitpunkt, Ladungsbewegung und Kraftstoff-Luft-Gemisch berücksichtigt und ausreichend genaue Berechnungen von Verbrennung, Restgasgehalt und Klopfneigung des Gemisches durchgeführt werden.

Die Modellierung des thermodynamischen Verhaltens, wie gasseitiger Wärmeübergang an Zylinder und Leitungen sowie deren Materialerwärmung, erfolgt auf Basis einer Reynolds-Coburn-Analogie [GTI10] unter Beachtung vorgegebener Wandstärken, Materialeigenschaften und Bauteiltemperaturen. Die lokalen Wandwärmeübergänge im Zylinder werden durch die Aufteilung des Brennraumes in mehrere Zonen ermittelt. Pro Zeitschritt wird für jede Zone in Abhängigkeit von Ladungs- und Kolbenbewegung eine Gasgeschwindigkeitsmatrix an der Zonenwand erstellt. Anhand der Vorgabe der kühlmittelseitigen Wärmeübergangskoeffizienten und der thermodynamischen Materialeigenschaften der brennraumbegrenzenden Komponenten (Zylinderwand, Kolben, Ventile, etc.) kann eine zeit- und ortsabhängige Temperaturberechnung erfolgen.

Bezug nehmend auf die von Roß [Ros08] umfangreich untersuchte und für diese Arbeit ebenfalls als notwendig erachtete, genaue Modellierung des Füllungs- und Klopfverhaltens des Motors, wird ein einfaches FEM-Modell mit 1536 Zellen zur differenzierte Abbildung des Brennraumes verwendet. Durch diesen Ansatz lassen sich bei moderatem Rechenaufwand ausreichend genaue Ergebnisse erzielen.

Eine erste Validierung des Modells (Anhang11.4) erfolgt mit Hilfe stationärer und transienter Messungen an dem zur Verfügung stehenden Versuchsmotor mit festen Ventilsteuerzeiten (EO spät). Die Integration eines variablen Einlassphasenstellers in das Modell ermöglicht eine zweite Validierung (Anhang11.4) auf Basis der publizierten Volllastlinie des serienmäßigen Verbrennungsmotors (EO optimal).

4.2.2 Motorprozessrechnung - TEG-Wärmetauscherverbund

Mit dem Softwaremodul GEM3d, welches in GT-Suite implementiert ist, wird der TEG-Wärmetauscherverbund in die Motorprozessrechnung integriert. Abgaswärmetauscher und Krümmer können damit als 3d-Elemente vereinfacht konstruiert und unter der Vorgabe von Berechnungsparametern als 1d-Modell diskretisiert werden (Abb. 14). Dazu wird die 3d-Geometrie in Volumenelemente aufgeteilt und als Mehrfachverzweigungen (Flowsplits) mit entsprechenden Volumina und Oberflächen abgebildet. Die Verbindung zwischen den Verzweigungen erfolgt über Drosselstellen (Orifice), die beispielsweise zur Abbildung einer Zündfolgetrennung geschlossen werden können.

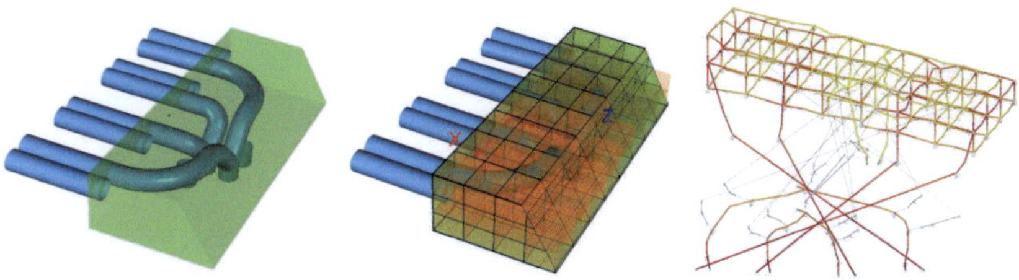

a) 3d-Konstruktion ***(GEM3d)*** | **b) Diskretisierung** ***(GEM3d)*** | **c) 1d-Simulation** ***(GT-Suite)***

Abb. 14: Integration 3d-Abgaskrümmer und 3d-Abgaswärmetauscher in GT-Suite

Die Wärmeleitung zwischen Krümmer und Abgaswärmetauscher sowie deren Wärmekapazität wird über Wärmeblöcke realisiert. Den Einfluss der Berippung auf jedes Diskretisierungselement erfolgt durch eine kontinuierliche Berechnung der Wärmeübertragungs- und Druckverlustfaktoren in Abhängigkeit der im Element vorherrschenden Strömungsgeschwindigkeit und Abgastemperatur. Die Darstellung des Wärmeübergangsverhaltens der thermoelektrischen Module, der Kontaktwiderstände auf der Modulheiß- und Kaltseite sowie des Kühlmittelwärmetauschers, werden über die Parametrierung der entsprechenden Flowsplit-Wandschichten realisiert.

4.2.3 Motorprozessrechnung - Modellierung und Skalierung ATL

Zur Gewährleistung einer hohen Modellgüte bedarf es einer genauen Darstellung des Abgasturboladers in der Motorprozessrechnung. Die für diese Arbeit als Basis dienenden wassergekühlten Abgasturbolader (Tab. 3) wurden dafür zu Beginn der

Untersuchungen am Heißgasprüfstand vermessen. Die Deaktivierung der einzelnen Fluten des Twinscrollladers erfolgte über gasdichte Blenden am Turbineneintritt.

Tab. 3: Spezifikation der vermessenen Abgasturbolader

Ladertyp		**Monoscrolllader**	**Twinscrolllader**
Baugröße		K03	K03
Verdichter	Äußerer Durchmesser d_V	53,7 mm	53,9 mm
	Trim	50	58
Turbine	Äußerer Durchmesser d_T	45 mm	45 mm
	Trim	80	80
	Asymmetriefaktor (ASY)	-	93 %
	$T_{3vT,max}$	950°C	980°C

Eine direkte Parametrierung der Turboladermodelle in GT-Suite ist mit den gemessenen Kennfeldern nur eingeschränkt möglich. Vor allem bei niedrigen Laderdrehzahlen wird der am Prüfstand ermittelte isentrope Wirkungsgrad des Verdichters $\eta_{s,V}$ durch sekundäre Wärmeströme von der Turbinen- zur Verdichterseite verfälscht.

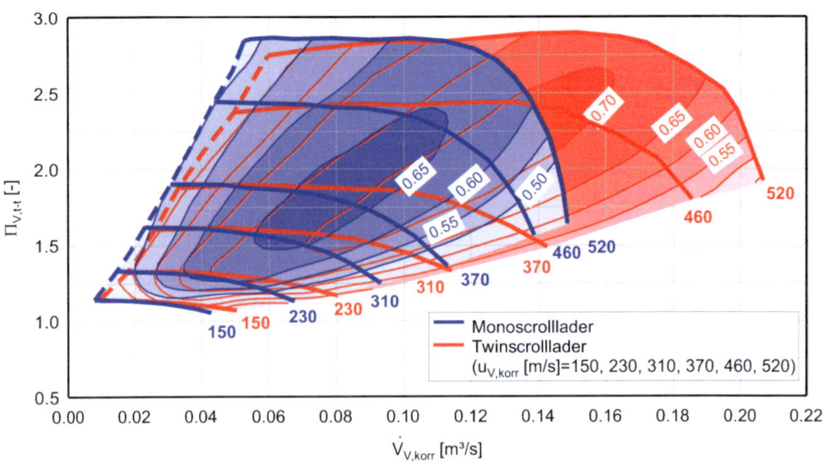

Abb. 15: Verdichterkennfelder mit korrigiertem isentropen Wirkungsgrad

Eine Korrektur der gemessenen Verdichterkennfelder (Abb. 15) kann durch die von Berndt [Ber03] vorgeschlagenen drehzahlabhängigen Wirkungsgradfaktoren erfolgen. Diese können verdichterspezifisch während der Vermessung unter Berücksichtigung der thermodynamischen Verhältnisse ermittelt werden.

Das inhomogene Temperaturprofil am Turbinenaustritt verhindert eine direkte Messung des Turbinenwirkungsgrades. Er muss stattdessen indirekt aus der korrigierten Enthalpiebilanz des Verdichters berechnet werden:

$$\eta_T = \eta_{s,T} * \eta_{T,mech} = \frac{P_V}{P_{s,T}} = \frac{\dot{m}_V * c_{p,L} * (T_2 - T_1)}{\dot{m}_T * c_{p,A} * (T_3 - T_{4,s})} \qquad \text{Glg. 14}$$

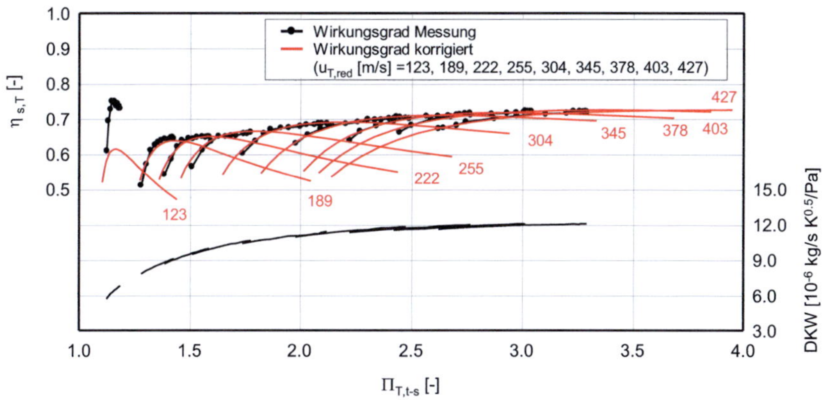

Abb. 16: Isentroper Turbinenwirkungsgrad und Durchsatzkennwert des Monoscrollladers

Der untersuchte Twinscrolllader mit nahezu symmetrischem Spiraldurchsatz weist bei hohen Strömungsgeschwindigkeiten einen etwa gleich großen Abgasgegendruck für beide Fluten auf. Im Volllastbetrieb kann somit sichergestellt werden, dass Restgasmenge und Klopfempfindlichkeit in allen Zylindern vergleichsweise hoch sind. Durch die gleichmäßige Anströmung des Turbinenrades wird ein hoher Turbinenwirkungsgrad erzielt. Eine einseitige Beaufschlagung des Turbinenrades führt aber, unabhängig davon welche Flut beaufschlagt wird, zu einer deutlichen Verschlechterung des Wirkungsgrades (Abb. 17). Unterschiedliche Durchsatzkennwerte bei einseitiger Beaufschlagung weisen beim untersuchten Twinscrolllader auf eine geringe Asymmetrie beider Fluten hin.

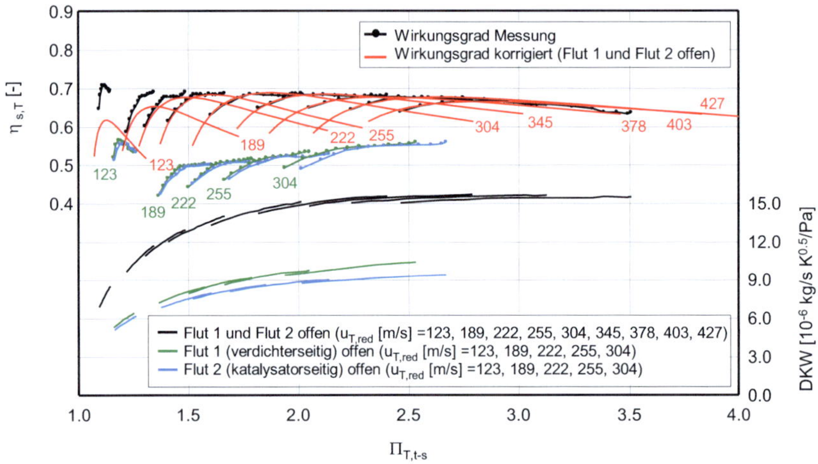

Abb. 17: Durchsatzkennwert und isentroper Turbinenwirkungsgrad des Twinscrollladers

Diese lässt sich mit Hilfe des Asymmetriefaktors ASY quantifizieren (Glg. 15). Der Faktor selbst berechnet sich aus dem Verhältnis der maximalen Durchsatzkennwerte beider Fluten 1 und 2. Er beschreibt formal gesehen mit 100 Prozent eine vollständige Symmetrie [Bri11].

$$ASY = \frac{DKW_{31,max}}{DKW_{32,max}} * 100\% = \left(\frac{\dot{m}_{31} * \sqrt{T_{31,t}}}{p_{31,t}}\right)_{max} * \left(\frac{\dot{m}_{32} * \sqrt{T_{32,t}}}{p_{32,t}}\right)_{max}^{-1} * 100\% \qquad \textbf{Glg. 15}$$

Auf eine hundertprozentige Flutensymmetrie wird zumeist wegen hohem Bauraumbedarf und Montageaufwand verzichtet [Sch08a]. So auch beim untersuchten zweiflutigen Turbolader, der einen Asymmetriefaktor von 93 Prozent aufweist. Er kann somit noch als symmetrischer Twinscrolllader bezeichnet werden.

Für die Motorprozessrechnung in GT-Suite wird der Twinscrolllader durch zwei separate Turbinenräder abgebildet, die jeweils von einer Flut beaufschlagt werden. Beide Turbinen treiben über eine gemeinsame Welle das Verdichterrad an. Der Ladedruck wird über ein Wastegate geregelt, welches für beide Fluten gleichzeitig öffnet. Das Übersprechen beider Fluten im Bereich zwischen Trennzunge und Turbinenrad erfolgt über einen drosselbaren Bypass. Sein Durchflusskoeffizient ist vom relativen Strangdruckverhältnis Π_{12} (Glg. 16) und vom mittleren Strangdruckverhältnis $\Pi_{T,m}$ (Glg. 17) abhängig [Wue76, Sch79].

$$\Pi_{12} = \frac{p_{31,t}}{p_{32,t}}$$ **Glg. 16**

$$\Pi_{T,m} = \frac{p_{31,t} + p_{32,t}}{2 * p_{4,s}}$$ **Glg. 17**

Die ungleichmäßige Flutenbeaufschlagung und die Druckpulsation an den Turbineneintritten werden nach Schäfer [Sch10a], Roß [Ros08] und Engels [Eng79, Eng81] berechnet. Die instationären Zustandsgrößen am jeweiligen Turbineneintritt werden so für jeden Zeitschritt als stationäre Betriebszustände aus hinterlegten Kennfeldern (Abb. 18) ermittelt. Diese Kennfelder beinhalten mit $A_{T,norm}$ und $\eta_{T,norm}$ die normierten Skalierungsfaktoren für das Durchsatzverhalten und den Wirkungsgrad beider Turbinen unter den jeweilig herrschenden Strömungsbedingungen.

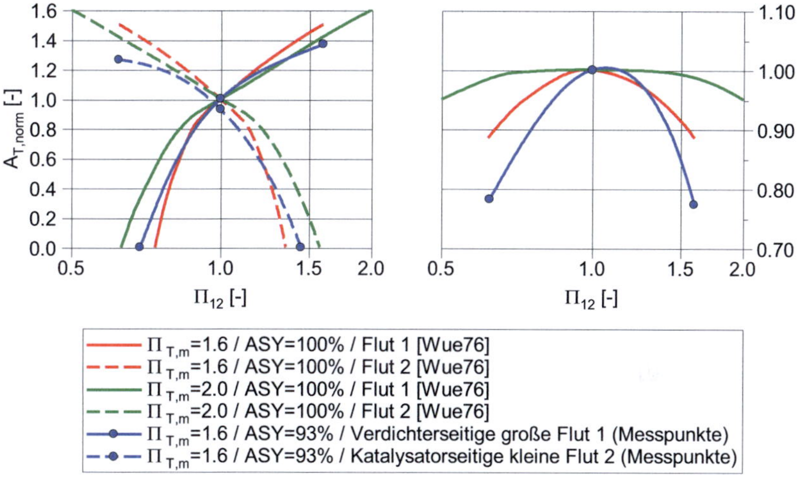

Abb. 18: Durchsatzverhalten und Wirkungsgrad eines Twinscrollladers

Die Skalierung der Lader erfolgt anhand der von Merker und Schwarz [Mer06] vorgestellten und von Roß [Ros08] erweiterten Extrapolationsmethode. Diese basiert auf der Proportionalität von Massendurchsatz und Strömungsgeschwindigkeit bei geometrisch ähnlichen Strömungsmaschinen. Anhand eines angestrebten Verhältnisses (Durchsatzfaktor DF) von skalierter Geometrie zu einer geometrischen Basisgeometrie, wie etwa dem Verdichterraddurchmesser, lassen sich sowohl die Laderdrehzahl bei gleicher Umfangsgeschwindigkeit, als auch das polare Massenträgheitsmoment des skalierten Laufzeuges abschätzen. Das zur Berechnung des mechanischen Wirkungsgrades $\eta_{T,mech}$ erforderliche Lagerreibmoment kann so ebenfalls anhand des zu erwartenden Lagerdurchmessers im Verhältnis zum Referenzlader abgeschätzt werden. Der konstruktiv bedingte Zusammenhang (z.B. Spaltmaß Radrücken und Gehäuse) zwischen Raddurchmesser und isentropem Verdichterwirkungsgrad ermöglicht die Skalierung des Wirkungsgradkennfeldes auf Basis empirischer Gleichungen und Faktoren.

4.2.4 Motorprozessrechnung - Vollvariabler Ventiltrieb

Die Parametrierung des Einlass- und Auslassventiltriebes erfolgt auf Basis der serienmäßigen Ventilhubkurven, Steuerzeiten und einlassseitigen Phasenstellmöglichkeit von 60°KW. Zur Untersuchung des Potenzials einer asynchron variablen Ventilsteuerung werden die Hubverläufe und Steuerzeiten des wärmetauscherseitigen Auslassventiles ebenfalls variiert. In den Simulationsmodellen werden dazu die Ventilhubkurven des Basismotors unter Beibehaltung der Ventilrampen und der winkelbezogenen Ventilhubbeschleunigung anhand der jeweiligen Öffnungsdauer skaliert. Dadurch kann sichergestellt werden, dass die Ventilhubverläufe konstruktiv und dauerhaltbar mit konventionellen Systemen umsetzbar sind. Die transiente Abbildung der in der Arbeit verwendeten asynchronen Verstellung der Steuerzeiten und Ventilerhebungskurven erfolgt anhand veröffentlichter Kennwerte realer Systeme.

4.2.5 Motorprozessrechnung - Antriebsstrang

Für Untersuchungen zur Fahrzeugbeschleunigung und Kühlkreislaufbelastung wird der vollständige Antriebsstrang des Versuchsfahrzeuges in GT-Suite abgebildet. Anhand umfangreicher Rollenprüfstands- und Straßenmessungen wurde das Antriebsstrangmodell für den Basismotor mit Mono-scrolllader und fester sowie variabler Einlassnockenwelle validiert (Anhang 11.4).

4.2.6 Motorprozessrechnung - Thermomanagement und Kühlkreislauf

Die Wechselwirkung zwischen TEG-Wärmetauscher und Thermomanagement des Versuchsfahrzeuges wird ebenfalls mit Hilfe von GT-Suite untersucht. Der gesamte Kühlkreislauf ist als 1d-Strömungsmodell in GT-Power abgebildet und basiert auf der Stromfadentheorie der Strömungsmechanik. Die Kopplung zur luftseitigen betriebspunktabhängigen Kühler- und Motorraumdurchströmung erfolgt in GT-Cool mit Hilfe eines vereinfachten 3d-Modells von Frontend, Kühlerzarge, Lüfterzarge und Motorraum (Abb. 19). Analog zur oben aufgeführten Simulation des Abgaswärmetauschers, kann nach einer einmaligen automatisierten Diskretisierung des 3d-Modells das luftseitige Strömungsverhaltens für jeden Zeitschritt anhand der Navier-Stokes-Gleichungen berechnet werden [GTI10].

Die Parametrierung von Wasserpumpe, Thermostat, sämtlicher Wärmetauscher und die Vorgabe des Wärmeeintrages durch Motor und TEG-Wärmetauscher basieren auf umfangreichen Komponenten- und Prüfstandsuntersuchungen sowie CFD-Simulationen [Wer11, Koe11]. Der betriebspunktabhängige Wärmeeintrag des Ladeluftkühlers wird im Rahmen der Motorprozesssimulation ermittelt. Auf eine Modellierung des komplexen Heizungs- und Klimakreislaufes wird verzichtet. Zur korrekten Berechnung von Strömungsverteilung und Druckverlust im Frontend wird der Klimakondensators in der Lüfterzarge des GT-Cool-Modells abgebildet. Eine Validierung des Kühlkreislaufmodells ist im Anhang (Anhang 11.4) aufgeführt.

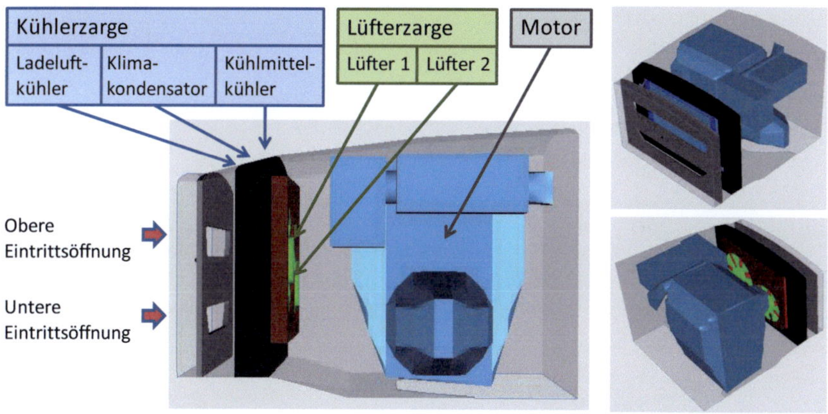

Abb. 19: 3d-Modell von Frontend und Motorraum des Versuchsfahrzeuges in GT-Cool

4.2.7 CFD-Simulation - TEG-Wärmetauscherverbund

Grundsätzliche thermodynamische Analysen und die Prototypenauslegung des Wärmetauscherverbundes erfordern die genaue Kenntnis über vorherrschende Strömungs- und Wärmeübergangsverhältnisse. Als Grundlage dienen dafür umfangreiche CFD-Simulationen in ANSYS CFX 12.1 mit entsprechend detailliert konstruierten und vernetzten Volumenmodellen (Abb. 20, Anhang 11.2) [Sch11, Koe11a].

Zur Gewährleistung einer korrekten Strömungsabbildung am Eintritt von Innenkrümmer und Abgaswärmetauscher werden die Auslasskanäle bereits ab dem Ventilsitz in der CFD-Berechnung berücksichtigt. Zur korrekten Abbildung der turbulenten Strömung am Übergang vom Abgaskrümmer zum Turbinengehäuse ist ebenfalls eine entsprechend lange Nachlaufstrecke modelliert (Abb. 21) [Koe11a, Sai11]. Die Berechnung der Strömung und des Wärmeüberganges in den Abgas- und Kühlmittelwärmetauschern erfolgt über ein SST-Turbulenzmodell[1]. Dieses ermöglicht in Verbindung mit den in ANSYS CFX implementierten Transitions- und Wandmodell eine sehr gute Vorhersage des laminar-turbulenten Umschlagens der Strömung und der thermodynamischen Wechselwirkung zwischen Fluid und Wandstruktur.

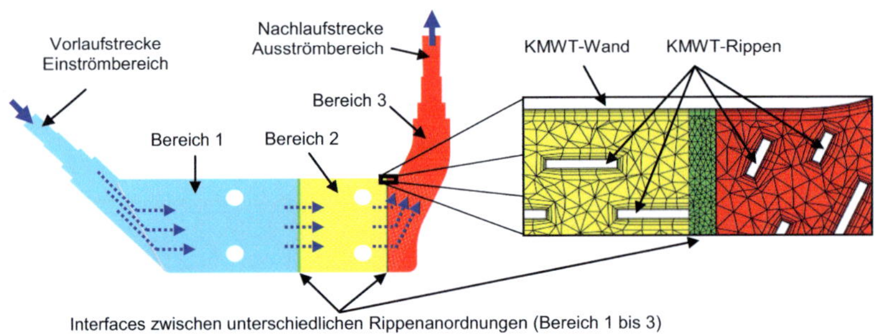

Abb. 20: Schema CFD-Modell eines TEG-Kühlers (li.) und Vernetzung (re.)

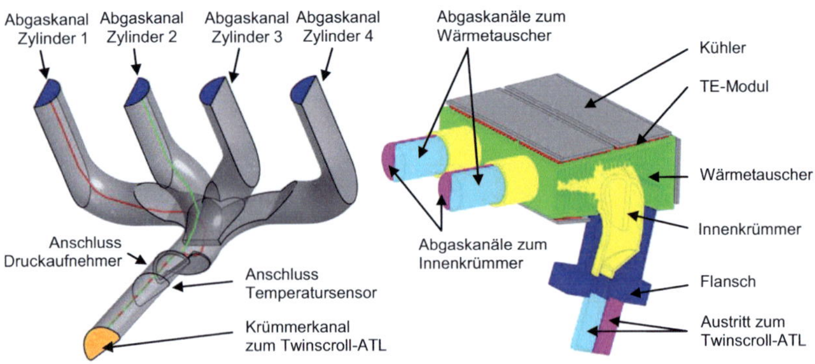

Abb. 21: Schema CFD-Modell von Innenkrümmer (li.) und Wärmetauscherverbund (re.)

[1] Kombination von k-ω-Turbulenzmodell im wandnahen Bereich und k-ε-Turbulenzmodell im wandfernen Bereich der Strömung nach Menter [Men93].

Die Parametrierung der Medien (Abgas, Kühlmittel) und die CFD-Berechnung selbst erfolgt quasistationär. Auf eine rechenzeitintensive transiente Simulation mit kurbelwinkelaufgelöster Vorgabe der Abgasrandbedingungen wird verzichtet, da umfangreiche Voruntersuchungen keine wesentlichen Abweichungen im Wärmeübergangs- und Strömungsverhalten aufwiesen. Ursachen dafür sind einerseits die Wärmekapazität des Wärmetauschermaterials und andererseits die „pulsationsdämpfende" Wirkung der Grenzschichten in Wandnähe[1]. Daraus resultiert, dass die im realen Motorbetrieb während eines Arbeitsspieles stark schwankenden Abgasbedingungen (Temperatur und Geschwindigkeit) in der Kanalwand ab einer Tiefe von 0,1 mm nur noch minimale Temperaturschwankungen hervorrufen [Hon09, Koe11].

Die Parametrierung der thermodynamischen Randbedingungen an den Schnittstellen des CFD-Modells erfolgt auf Basis iterativ durchgeführter Motorprozessrechnungen in GT-Suite und Prüfstandsuntersuchungen [Koe11a, Sch11a]. Die thermoelektrischen Module werden über deren thermodynamische und thermoelektrische Eigenschaften abgebildet. Die Ergebnisse umfangreicher Messungen an einem speziellen TEG-Komponentenprüfstand [Hei11] dienen zur Definition sämtlicher thermischer Kontaktwiderstände im Wärmetauscherverbund.

Die hohen Abgas- und Bauteiltemperaturen setzen für eine genaue Berechnung des thermodynamischen Verhältnisses die Berücksichtigung der Oberflächenstrahlung voraus. In dieser Arbeit wird dafür das „Discrete Transfer"-Strahlungsmodell von ANSYS CFX im „Surface to surface"-Modus verwendet [Koe11a].

Zur besseren Validierung des CFD-Modells sind im 3d-Konstruktionsmodell sämtliche am Prüfstand integrierten Temperatur- und Druckmessstellen abgebildet. Somit können die Simulationsergebnisse direkt mit den Messwerten vom Prüfstand verglichen werden (Anhang 11.5).

4.3 Experimentelle Untersuchungen am HiL-Motorenprüfstand

Die stationären und transienten Untersuchungen des Versuchsmotors mit serienmäßiger Abgasanlage und integriertem TEG-Wärmetauscherverbund erfolgten an einem hochdynamischen Motorenprüfstand.

[1] Durch eine Berippung der Wärmetauscherwand wird dieser Effekt zusätzlich verstärkt.

Die für eine Parametrierung und Validierung der Simulationsmodelle erforderliche hohe Reproduzierbarkeit der Messungen wurde durch umfangreiche Konditionierungsmaßnahmen erreicht. Eine Prüfstandsklimatisierung gewährleistete konstante Ansaug- und Umgebungsbedingungen für den Verbrennungsmotor. Reproduzierbare Ladeluft-, Kühlmittel- und Kraftstofftemperaturen wurden durch den Einsatz temperaturgeregelter Wärmetauscher sichergestellt.

Für stationäre Messungen erfolgte die Betriebspunktauswahl über die direkte Vorgabe von Drehzahl und Drehmoment bzw. Fahrpedalwert. Untersuchungen zur Lastaufschaltung und Fahrzeugbeschleunigung von abgasturboaufgeladenen Motoren erfordern hingegen genau definierte Betriebsbedingungen auch während der transienten Vorgänge [Ros08]. Aus diesem Grund übernahm bei den Untersuchungen ein speziell angepasstes Hardware-in-the-Loop-System (HiL) die Prüfstandsregelung. Mit Hilfe eines in Dymola erstellten Mehrmassenmodells, kann das dynamische Verhalten von Fahrzeug, Antriebsstrang, Nebenaggregaten und Fahrer unter Berücksichtigung der vorherrschenden Randbedingungen echtzeitfähig berechnet werden. Eine überwachte Kopplung zwischen HiL-Modell, Motorsteuergerät, Prüfstandssteuerung und Messtechnik, wird mit Hilfe eines Matlab/XPC-Target-Systems sichergestellt. Eine grundlegende Beschreibung der HiL-Prüfstands-regelung und des Mehrmassenmodells erfolgt bei Zellbeck [Zel07].

Abb. 22: Versuchsmotor mit integriertem TEG-Wärmetauscherverbund

4.3.1 Simulation hochtemperaturfester thermoelektrischer Module

Für die Prüfstandsuntersuchungen standen keine realen thermoelektrischen Module zur Verfügung. Stattdessen wurde auf Basis publizierter Datenblätter zweier hochtemperaturfester Referenzmodule (TEM Typ A [Kon06, Tos07] und TEM Typ B [SDK10, Kaj11]), ein spezielles Quarzglas als TE-Ersatzmodul verwendet. Dieses weist bei entsprechender Materialdicke vergleichbare thermische Eigenschaften auf (Tab. 4). Zur Verbesserung der Wärmeübertragung wird zwischen Quarzglas und Kühlmittelkühler eine Wärmeleitpaste mit einer Schichtdicke von 0,4 mm eingebracht.

Tab. 4: Thermodynamische Kenndaten der TE-Referenzmodule und des TE-Ersatzmoduls

		Referenzmodul		Ersatzmodul
		TEM Typ A	TEM Typ B	Quarzglas
Maximale Modultemperatur	°C	800	600	800
Maximale Leistungsdichte	W/cm²	4,1	2,4	-
Dimension der Module	mm	30 x 30 x 5,0	30 x 30 x 4,5	30 x 30 x 3,0
Spezifische Wärmeleitfähigkeit λ	W/mK	5,2 (600°C)	2,7 (600°C)	1,7 (600°C)
Absoluter Wärmewiderstand R_{th}	W/K	1,1 (600°C)	1,9 (600°C)	1,9 (600°C)

Die thermoelektrisch generierte Leistung der Referenzmodule wird am HiL-Prüfstand anhand der hinterlegten Kennlinien (Abb. 23) ermittelt. Die dafür erforderliche Temperaturdifferenz wird mit Temperatursensoren direkt an der Heiß- und Kaltseite von 17 repräsentativen Modulen ermittelt (Anhang 11.1). Diese wurden anhand CFD-gestützter Voruntersuchungen [Sch10b, Koe11] so ausgewählt, dass die Temperaturdifferenz aller weiteren Module hinreichend genau prognostiziert werden kann.

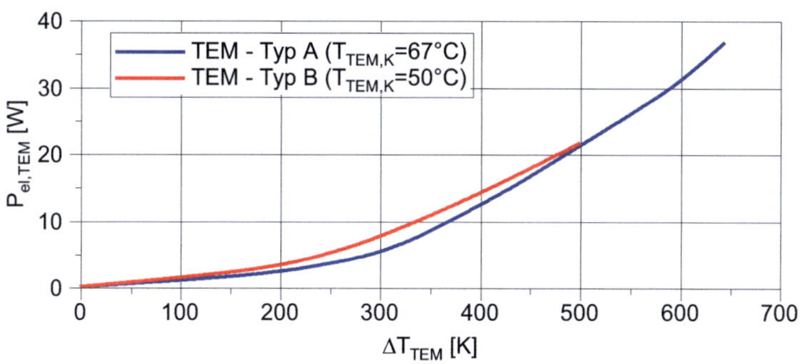

Abb. 23: Temperaturabhängige elektrische Leistung der TE-Referenzmodule

4.3.2 Simulation des Bordnetzes

Kaltstartuntersuchungen zur Generatorentlastung stellen sehr hohe Anforderungen an die Motor- und Prüfstandskonditionierung. Um den signifikanten Einfluss der Bordnetzbatterie (Ladezustandes bei Motorstart, Alterung, Umgebungsbedingungen) auf die Reproduzierbarkeit der Messungen zu minimieren, wurde der riemengetriebene Klauenpolgenerator des Motors entregt und ein vereinfachtes Bordnetzmodell (Generator, Verbraucher, TEG, Spannungswandler) als zusätzliche Subroutine in die HiL-Prüfstandsregelung integriert.

Im stationären Motorbetrieb, beispielsweise bei Fahrten mit konstanter Geschwindigkeit, wird im Bordnetzmodell der Leistungsbedarf der elektrischen Verbraucher auf 300 Watt festgelegt. Dieser Wert entspricht in etwa dem mittleren Leistungsbedarf der durchgeführten Versuchsfahrten. Während der Fahrzyklen erfolgt eine zeitbasierte Vorgabe der Bordnetzauslastung. Basis dafür sind die jeweiligen Straßen- und Rollenprüfstandsmessungen.

Im Fall einer Generatorentlastung wird die ermittelte TEG-Leistung unter Berücksichtigung eines Wandlerwirkungsgrades von 90 Prozent [Maz10] und dem Leistungsbedarf der elektrischen TEG-Kühlmittelpumpe ($P_{el,TEG\text{-}KMP}$=15 W) von der aufzubringenden Bordnetzleistung abgezogen. Die zur elektrischen Energieversorgung erforderliche mechanische Antriebsleistung des Generators wird anschließend aus seinem drehzahl- und lastabhängigen Wirkungsgradkennfeld (Anhang 11.2) ermittelt. Unter Berücksichtigung von Übersetzungsverhältnis und Riemenwirkungsgrad berechnet das HiL-Modell daraus ein entsprechendes Offset der aufzubringenden Motorlast.

4.3.3 Simulation eines asynchron variablen Auslassventiltriebes

Die Ein- und Auslassventile des Versuchsmotors werden durch zwei obenliegende Nockenwellen über Rollenschlepphebel betätigt. Stehende Hydraulikelemente gleichen das Ventilspiel kontinuierlich aus. Für Grundlagenuntersuchungen zum Einfluss einer asynchron variablen Auslassventilsteuerung auf den Motorprozess, erfolgte bei allen Zylindern die Deaktivierung von einem der beiden Auslassventile. Dazu wurden die jeweiligen Rollenschlepphebel entfernt und deren Hydraulikelemente fixiert. Die Ventile blieben somit durch die Vorspannung der Auslassventilfedern permanent geschlossen.

5 Theoretische Vorbetrachtungen

5.1 Grenzpotenzial einer motornahen Abgasenergierekuperation

Für die Auslegung eines motornah integrierten thermoelektrischen Rekuperationssystems sind genaue Kenntnisse über die komplexen energetischen Verhältnisse im Fahrzeug notwendig. Beispielsweise muss für repräsentative Fahrzyklen das zur Verfügung stehende Exergie- und Temperaturniveau bekannt sein. Eine darauf aufbauende Analyse aller Möglichkeiten zur Gesamtsystemoptimierung erlaubt bereits im Vorfeld der Untersuchungen eine Abschätzung des Grenzpotenzials. Dazu gehört etwa die Leistungssteigerung und Verbrauchseinsparung durch eine Generatorentlastung sowie die Warmlaufbeschleunigung und Reduzierung der Volllastanreicherung zum Bauteilschutz durch einen motornah angeordneten, kühlmittelgekühlten Abgaswärmetauscher.

In dieser Arbeit werden für die Grenzpotenzialanalyse und weiterführende Untersuchungen vier repräsentative Fahrzyklen ausgewählt. Dazu gehören die zwei gesetzlich vorgeschriebenen europäischen und amerikanischen Testverfahren, welche als „Neuer Europäischer Fahrzyklus – NEFZ“ nach 93/116/EG und „Federal Test Procedure 1975 – FTP75“ bezeichnet werden [Kru10, Sch08b]. Mehrere Studien belegen allerdings [Dud09, Kru10], dass sowohl deren Geschwindigkeitsprofile als auch die Bordnetzbelastung deutlich vom realen Fahrbetrieb abweichen können. Aus diesen Gründen werden aus über 150 durchgeführten Straßenmessungen mit dem Versuchsfahrzeug zwei weitere repräsentative Fahrzyklen ausgesucht. Das ist zum einen eine Stadtfahrt mit hohem Verkehrsaufkommen und hoher Bordnetzauslastung, wie sie laut statistischer Erhebung dem Belastungsprofil von etwa 75 Prozent aller Pkw-Fahrten eines Tages entspricht [May11]. Zum anderen wird eine kombinierte Überland- und Autobahnfahrt mit normaler Bordnetzauslastung ausgewählt, da Langstreckenfahrten (Wochenendfahrten, Urlaub, etc.) einen erheblichen Anteil der jährlich gefahrenen Kilometer ausmachen [Neu10].

In Abbildung 22 sowie im Anhang 11.6 (Tab. 27) sind für alle vier Fahrzyklen die Geschwindigkeitsprofile und wesentlichen Kenngrößen aufgeführt.

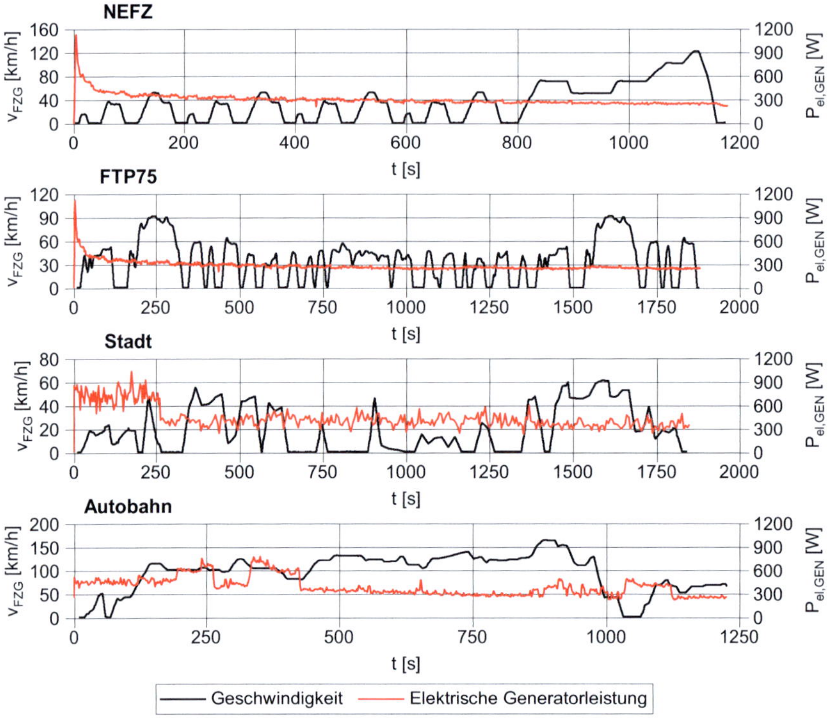

Abb. 24: Geschwindigkeit und elektrische Generatorleistung der untersuchten Fahrzyklen

5.1.1 Beschleunigung Motorwarmlauf

Vergleicht man die Verbrauchswerte von kalt und warm gestarteten Ottomotoren im NEFZ und FTP75, so zeigen Prüfstandsuntersuchungen einen Verbrauchsunterschied zwischen 8 und 12 Prozent. Dieses Grenzpotenzial kann theoretisch durch eine Warmlaufbeschleunigung erzielt werden, wenn der motornahe Abgaswärmetauscher in den Kühlkreislauf des Motors eingebunden ist. In der Realität wird die maximal erreichbare Warmlaufbeschleunigung wesentlich von der Wärmetauschereffizienz und der Wärmekapazität von Motor, Wärmetauscher und Kühlkreislauf begrenzt. Weiterhin ist eine Nutzung der Abgaswärme erst nach Abschluss der Katalysatorheizphase sinnvoll, da sonst die Kaltstartemissionen deutlich ansteigen. Analysiert man abschließend die in den Fahrzyklen während des Motorwarmlaufs zur Verfügung stehende Abgasenergie, so reduziert sich das Potenzial zur Systemoptimierung noch einmal deutlich. In Abhängigkeit von Umgebungstemperatur, Heizungsbedarf, Fahrzyklus und Position des Abgaswärmetauschers, lassen sich somit nur etwa 2 bis 3 Prozent des Kraftstoffverbrauchs einsparen. Weiterführende Literatur zu dieser Thematik findet sich bei Lade [Lad06] und Hepke [Hep11].

Eine weitere, indirekte Möglichkeit zur Warmlaufbeschleunigung bietet die Kombination aus TEG und einer elektrischen oder elektrisch-mechanischen Kühlmittelpumpe. Diese ermöglicht statt einer konventionellen riemengetriebenen Wasserpumpe eine bedarfsgerechte Kühlung bei Motorstillstand, während der Warmlaufphase und im Volllastbetrieb. Veröffentlichungen [Pud10] und am Lehrstuhl durchgeführte Untersuchungen zeigen, dass damit im NEFZ je nach Antriebskonzept und Motorgröße bis zu 3 Prozent Kraftstoffenergie gespart werden können. Der wesentliche Nachteil von Kühlsystemen mit ausschließlich elektrisch angetriebenen Pumpen lag bisher in der niedrigen Systemeffizienz beim Langstreckenbetrieb mit hohen Geschwindigkeiten. Eine thermoelektrische Versorgung der elektrischen Kühlmittelpumpe könnte diesen Nachteil weitestgehend kompensieren, da ein TEG unter diesen Betriebsbedingungen eine ausreichend hohe Leistung generieren sollte.

5.1.2 Reduzierung der Volllastanreicherung zum thermischen Bauteilschutz

Der Verbrennungsmotor arbeitet im NEFZ und FTP75 fast ausschließlich im unteren und mittleren Teillastbereich. Bei Autobahn- und Bergfahrten mit hohem Fahrzeuggewicht bzw. Anhängelast, kann der Motor wesentlich häufiger unter Volllast und hoher Drehzahl betrieben werden (Abb. 25). Wie im Kapitel 2.1 aufgeführt, wird dann

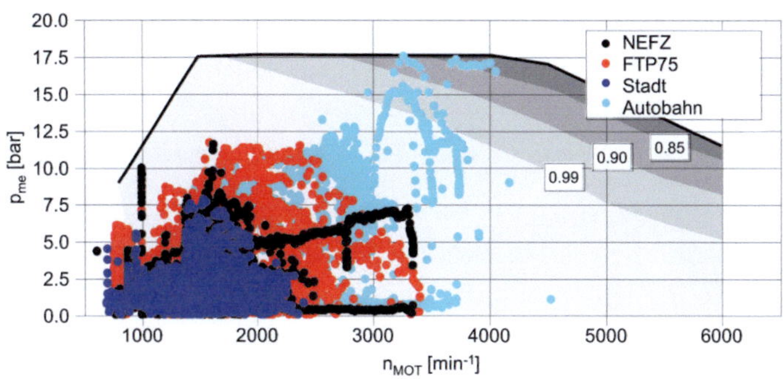

Abb. 25: Betriebspunkte der untersuchten Fahrzyklen im Lambda-Kennfeld

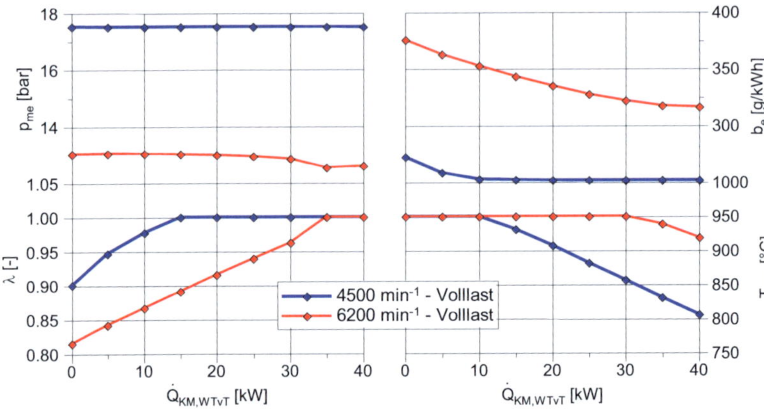

Abb. 26: Einflüsse einer Abgaskühlung vor Turbine auf den Motorprozess ($T_{3vT,max}$=950°C)

zum Bauteilschutz die Abgastemperatur durch eine Kraftstoffanreicherung reduziert. Beim untersuchten Motor beträgt das Luft-Kraftstoff-Verhältnis λ bei Nennleistung etwa 0,90 (n_{MOT}=4500 min^{-1}) bzw. 0,83 (n_{MOT}=6200 min^{-1}). Eine Anhebung des Luft-Kraftstoff-Verhältnisses auf λ=1, beispielsweise durch aktive Kühlung des Abgaskrümmers (Abb. 26), könnte theoretisch eine maximale Kraftstoffeinsparung von 8 Prozent (4500 min^{-1}) bzw. 16 Prozent (6200 min^{-1}) erzielen. Wird das Abgas nach Erreichen des stöchiometrischen Luftverhältnisses weiter abgekühlt, so führt die Reduzierung der Abgastemperatur verbrauchsneutral zur Absenkung des Abgasdruckes vor der Turbine und zum Schließen des Wastegate. Ist der Turbinenbypass komplett geschlossen, sinkt die effektive Turbinenleistung aufgrund des zu geringen Abgasenergieangebotes. Dementsprechend fallen auch Lade- und effektiver Mitteldruck. Zu beachten ist weiterhin, dass die Abgaskühlung zu einer deutlichen Mehrbelastung des Kühlsystems führt. Ein zusätzlicher Wärmeeintrag von 35 Kilowatt verdoppelt in etwa den Kühlleistungsbedarf des Motors im Nennleistungspunkt.

5.1.3 Leistungssteigerung des Verbrennungsmotors

Thermoelektrische Generatoren stellen aufgrund ihres Wirkprinzips nur elektrische Energie zur Verfügung. Eine kundenrelevante Leistungssteigerung konventioneller Antriebsstränge ist somit ohne eine zusätzliche elektrische Traktion (Hybridisierung des Antriebsstranges) nur durch die Entlastung oder Entkopplung der herkömmlichen motor- bzw. riemengetriebenen Nebenaggregate möglich. Die maximal erforderliche

Antriebsleistung des installierten riemengetriebenen Generators beträgt bei einer Motordrehzahl von 1000 min^{-1} etwa 2,2 Kilowatt und bei 3000 min^{-1} etwa 3,6 Kilowatt. Das entspricht 21 bzw. 15 Prozent der effektiven Motorleistung bei diesen Volllastpunkten. Zur Kompensation der elektrischen Generatorleistung durch einen motornah angeordneten TEG, wäre ein Systemwirkungsgrad von 12 bzw. 3 Prozent erforderlich. Fahrzeuguntersuchungen zeigen allerdings, dass im Volllastbetrieb durchschnittlich etwa nur 300 bis 500 Watt an elektrischer Leistung benötigt werden. Die vollständige Entlastung des Generators führt dann nur zu einer theoretischen Leistungssteigerung von etwa 0,6 bis 1,0 Kilowatt bei 1000 min^{-1} bzw. 3000 min^{-1}.

Die Entkopplung weiterer motor- bzw. riemengetriebener Nebenaggregate zur Leistungssteigerung ist nur durch deren Elektrifizierung möglich. Insbesondere der Trend zum bedarfsgerechten Betrieb bei Hybridfahrzeugen führt bereits vereinzelt zur Verwendung von elektrischen Wasser-, Lenkhilfe-, Getriebeöl- und Unterdruckpumpen sowie elektrisch oder elektromechanisch angetriebenen Klimakompressoren. Vor allem bei Aggregaten mit starrer Kopplung an die Motordrehzahl, wie Lenkhilfepumpe und Wasserpumpe, ist eine Elektrifizierung sinnvoll [Pus10]. Hohe Kosten, steigende Systemkomplexität, hoher Leistungsbedarf bei Spitzenbelastungen und die dementsprechend erforderliche Anpassung des Bordnetzes sind nur einige Punkte, die die Vorteile einer pauschalen Elektrifizierung von Nebenaggregaten relativieren.

5.1.4 Verbrauchseinsparung durch Generatorentlastung

Eine Reduzierung des Kraftstoffverbrauches durch Entlastung bzw. Lastpunktverschiebung des riemengetriebenen Generators ist im Wesentlichen abhängig von:

- Motor- und Generatorbetriebspunkt vor und nach der Lastpunktverschiebung
- Energiebedarf des Bordnetzes
- Verfügbare Abgasexergie und Abgastemperatur
- Systemeffizienz der Wärmetauscher und des TEG

Untersuchungen von Reiser [Rei08] zeigen, dass beispielsweise durch das Zuschalten von Beleuchtung und Klimaanlage der elektrische Bedarf im NEFZ von 200 auf 550 Watt ansteigt und der Verbrauchsanteil des Generators mehr als verdoppelt wird. Im realen Kundenbetrieb kann deshalb die erforderliche Generatorleistung deutlich höher liegen. Eine Analyse der durchgeführten Messfahrten zeigt, dass der

Generator des Versuchsfahrzeuges durchschnittlich etwa 300 Watt elektrischer Leistung für die Bordnetzversorgung zur Verfügung stellen muss. Der Verbrauchsanteil des Generators, welcher anhand der erforderlichen Mehrleistung bestimmt werden kann, beträgt bei Überlandfahrten etwa 2 bis 3 Prozent. Selbst bei hoher Bordnetzbelastung (z.B. hohe Komfortanforderungen im Winter) werden aufgrund des Bordnetzmanagements nur selten mehr als 1000 Watt elektrischer Leistung benötigt.

Analysiert man für die untersuchten Fahrzyklen (Tab. 5) den kumulierten Energiebedarf des Bordnetzes $W_{el,FZG}$ und das Abgasexergieangebot am Krümmereintritt $E_{x,A}$, so ergibt sich zur kompletten Bordnetzversorgung eine theoretisch erforderliche Systemeffizienz[1] (Wärmetauscher-TEG-System) von 2 bis 15 Prozent. Beim Einsatz eines zyklenfesten Zwischenspeichers mit einem Lade- und Entladewirkungsgrad von 90 Prozent steigt der erforderliche durchschnittliche TEG-Systemwirkungsgrad auf 2 bis 17 Prozent an. Die am Versuchsmotor ermittelte maximale Verbrauchseinsparung beträgt bei vollständiger Generatorentlastung (Entregung, keine mechanische Entkopplung) etwa 2 bis 6 Prozent. Diese Werte werden auch durch mehrere Veröffentlichungen bestätigt [Rei08a, Rum10, Maz10, Neu10].

Tab. 5: Energieverteilung (kumuliert) und Verbrauchspotenzial im Zyklus (EO spät, mess.)

Fahrzyklus	Zugeführte Energie H_{KS}	Mechanisch umgesetzte Arbeit $W_{e,MOT}$	Abgasexergie am Krümmereintritt $E_{x,A}$ ($T_{ref}= T_0$)	Energiebedarf Bordnetz $W_{el,FZG}$	Verbrauchseinsparung durch Generatorentregung (Messung)	Erforderliche TEG-Effizienz ohne / mit Zwischenspeicher (η=90%)
	MJ	MJ	MJ	MJ	%	%
NEFZ	27,4 (100%)	5,6 (20%)	7,2 (26%)	0,4 (1,2%)	3,6	6,2 / 6,9
FTP75	44,4 (100%)	9,4 (21%)	11,8 (26%)	0,5 (1,1%)	2,0	5,5 / 6,1
Stadt	28,8 (100%)	4,4 (15%)	6,4 (22%)	0,8 (2,5%)	6,4	15,1 / 16,8
Autobahn	72,4 (100%)	21,0 (29%)	27,9 (38%)	0,5 (0,6%)	2,5	2,0 / 2,2

[1] Betrachtung ohne Berücksichtigung der Rückwirkungen auf Katalysator und Turbolader und erforderliche TEG-Peripherie

5.2 Restriktionen für eine motornahe Abgasenergierekuperation

Ein motornah angeordnetes Rekuperationssystem muss grundsätzlich denselben Belastungen standhalten, wie alle anderen Komponenten der Abgasanlage. Dazu zählen hohe thermische und mechanische Wechselbelastungen durch hochfrequente Schwingungen (Spektrum 0-300 Hz im Bereich mehrerer Millimeter), Gaspulsation (Unterdruck bis 4 bar Überdruck) und hohe Temperaturgradienten (Umgebungstemperatur bis über 1000°C Abgastemperatur, direkte Schnee- oder Spritzwasserbeaufschlagung). Die Materialien müssen für eine Pkw-typische Lebensdauer von 15 Jahren und 250000 km eine hohe Formstabilität sowie Beständigkeit gegenüber Oxidation, korrosiven Abgasbestandteilen und Salzlösungen aufweisen [Mus06].

Funktionale Aufgaben des Systems in der Abgasanlage sind unter anderem eine möglichst gleichgerichtete Abgaslenkung vom Zylinderkopf auf den nachfolgenden Abgasturbolader und der thermische Schutz des umliegenden Bauraumes (z.B. Lenkung) vor hohen Abgastemperaturen und Strahlungswärme [Mus06].

Weitere Restriktionen ergeben sich aus der komplexen Interaktion zwischen motornahem TEG-Wärmetauscher und dem Verbrennungsprozess, der Abgasturboaufladung, der Abgasnachbehandlung, dem Kühlsystem, dem Bordnetz sowie dem Fahrzeugeinsatz:

5.2.1 Restriktionen durch den Verbrennungsprozess

Die Integration eines Abgaswärmetauschers in den Abgasstrang beeinflusst direkt den Verbrennungsprozess (Abb. 27). Zum einen steigt der statische Abgasgegendruck nach den Auslassventilen durch die zusätzliche Verblockung des Abgastraktes. Zum anderen verändert die direkte Positionierung nach den Auslasskanälen die betriebspunktabhängige Gasdynamik. Vor allem beim Öffnen der Auslassventile entscheidet der vorherrschende dynamische Abgasgegendruck, ob beispielsweise eine zusätzliche Sogwirkung (Unterdruckwelle) den Ladungswechselvorgang unterstützt. Einen direkten Einfluss auf die Gasdynamik kann in Abstimmung mit den Ventilsteuerzeiten über eine angepasste Geometrie (Länge, Durchmesser, Übergänge) und Zusammenführung der Abgaskanäle genommen werden.

Die konkreten Einflüsse des statischen und dynamischen Abgasgegendruckes auf Ladungswechsel und Hochdruckprozess sind in Abbildung 27 dargestellt.

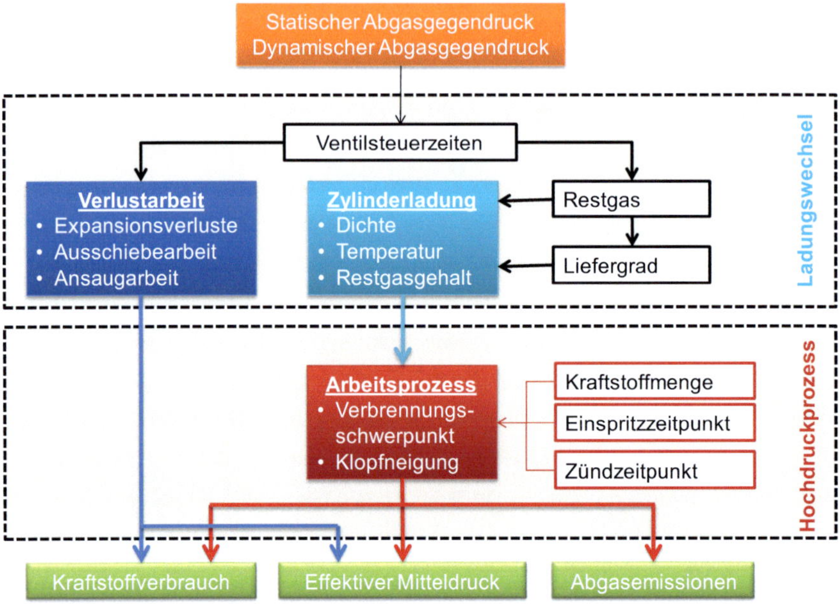

Abb. 27: Einfluss von statischem und dynamischem Abgasgegendruck auf den Motorprozess

Verlustarbeit

Im Allgemeinen muss der Kolben mechanische Arbeit verrichten, um das Abgas rechtzeitig vor Ende des Auslassvorganges aus dem Brennraum zu schieben. Steigt der Abgasgegendruck infolge einer zusätzlichen Drosselung im Abgasstrang an, so nimmt die Ausschiebearbeit des Motors zu. Daraus resultieren eine geringere effektiver Leistung des Motors und ein Anstieg des spezifischen Kraftstoffverbrauches.

Zylinderladung

Ein hoher Abgasgegendruck impliziert neben zunehmender Verlustarbeit einen verstärkten Rückstrom des Abgases in den Brennraum während der Ventilüberschneidungsphase. Folgen der schlechten Zylinderspülung sind ein Anstieg des Restgasgehaltes sowie der Ladungsdichte und -temperatur. Die daraus resultierenden ungünstigen thermodynamischen Voraussetzungen für den Arbeitsprozess, der niedrige Liefergrad und ein geringes Spülgefälle wirken sich vor allem negativ auf Low-end-torque und Kraftstoffverbrauch aus.

Arbeitsprozess

Eine unkontrollierte Selbstentzündung des komprimierten Kraftstoff-Luft-Gemisches im Brennraum wird als klopfende Verbrennung bezeichnet. Die dabei entstehenden Detonationswellen weisen sehr hohen Druck- und Wärmeübergangswerte auf und können zu mechanischen und thermischen Motorschäden führen. Eine schlechte Zylinderspülung durch zu hohen Abgasgegendruck begünstigt die klopfende Verbrennung. Ursache dafür ist vor allem die eingeschränkte Frischluftkühlung des Brennraumes bei zu hoher interner Abgasrückführrate. Eine geregelte Spätverstellung des Zündzeitpunktes kann einer klopfenden Verbrennung entgegenwirken. Eine damit einhergehende Abweichung von der wirkungsgradoptimalen Schwerpunktlage des Verbrennungsprozesses (6-10°KW_{nZOT}), führt zwangsläufig zur Verschlechterung des Arbeitsprozesses [Bas08].

Kraftstoffverbrauch, effektive Motorleistung und Emissionen

Im stationären Teillastbetrieb (130 km/h Konstantfahrt) weist ein herkömmlicher Dreiwegekatalysator einen Gegendruck von etwa 15 bis 25 Millibar auf. Messungen am Versuchsmotor zeigen, dass im selben Betriebspunkt eine Erhöhung des statischen Abgasgegendruckes Δp_{WT} nach ATL um 100 Millibar zu einem Mehrverbrauch von etwa 1,8 Prozent führt (Abb. 28/rechts). Eine vergleichbare Verblockung des Abgasstranges bewirkt im NEFZ einen Anstieg des Kraftstoffbedarfs um 0,5 Prozent.

Wie oben beschrieben, sinken mit steigendem Abgasgegendruck sowohl Spülgefälle als auch Luftaufwand. Der geringere Durchsatz am Turbolader reduziert den maximal erreichbaren Ladedruck, sobald das Wastegate vollständig geschlossen ist. In Kombination mit steigenden Ladungswechselverlusten kann somit ab einem bestimmten Abgasgegendruck des Wärmetauschers Δp_{WT} der effektive Mitteldruck $p_{me,max}$ nicht mehr erreicht werden (Abb. 28/links).

Inwieweit die Rohemissionen durch einen höheren Abgasgegendruck beeinflusst werden, ist vom Betriebspunkt des Motors abhängig. Einerseits sinken die Zylinderspitzentemperaturen durch den höheren Inertgasanteil (verminderte Stickoxidbildung) und die Nachoxidation unverbrannter Kohlenwasserstoffe wird durch die verschleppte Verbrennung begünstigt. Andererseits führt die Verschlechterung des Motorwirkungsgrades zu höheren CO_2-Emissionen.

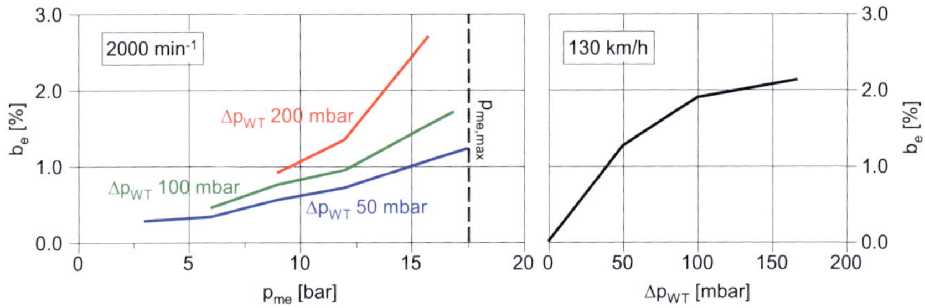

Abb. 28: Einfluss eines erhöhten Abgasgegendruckes auf den Mehrverbrauch (mess.)

5.2.2 Restriktionen durch die Abgasturboaufladung

Infolge einer motornahen thermischen Rekuperation sinken neben der Abgastemperatur auch Abgasdichte und -druck am Turbineneintritt. Weiterhin ändert sich die druck- und temperaturabhängige spezifische Wärmekapazität des Abgases. Diese Effekte werden durch den Druckverlust des Rekuperationssystems zusätzlich verstärkt. Inwieweit dadurch der isentrope Enthalpieanstieg in der Turbine $\Delta h_{s,T}$ bzw. das Verdichterdruckverhältnis Π_V beeinflusst werden, kann anhand der Turboladerhauptgleichung abgeschätzt werden [Hie03]:

$$\Pi_V = \left(1 + \frac{\dot{m}_T}{\dot{m}_V} * \frac{1}{T_1} * \frac{1}{c_{p1}} * \boldsymbol{\eta_{s,T}} * \boldsymbol{\eta_{T,mech}} * \boldsymbol{\eta_{s,V}} * \boldsymbol{\Delta h_{s,T}}\right)^{\frac{\kappa_1}{\kappa_1 - 1}} \quad \textbf{Glg. 18}$$

$$\Pi_V = \left(1 + \frac{\dot{m}_T}{\dot{m}_V} * \frac{1}{T_1} * \frac{1}{c_{p1}} * \boldsymbol{\eta_{s,T}} * \boldsymbol{\eta_{T,mech}} * \boldsymbol{\eta_{s,V}} * \boldsymbol{T_{3vT}} * \boldsymbol{c_{p3vT}} \left(1 - \left(\frac{p_{4nT}}{\boldsymbol{p_{3vT}}}\right)^{\frac{\kappa_3 - 1}{\kappa_3}}\right)\right)^{\frac{\kappa_1}{\kappa_1 - 1}} \quad \textbf{Glg. 19}$$

Abbildung 29 zeigt den Einfluss von Druckverlust Δp_{WT} und Abgastemperatur vor Turbine T_{3vT} auf die isentrope spezifische Enthalpiedifferenz $\Delta h_{s,T}$ der Turbine exemplarisch für den Volllastpunkt 2000 min^{-1}. Dabei wird deutlich, dass das nutzbare Enthalpiegefälle über der Turbine durch den Druckverlust eines motornahen Abgaswärmetauschers weniger beeinflusst wird, als wenn dieser nach der Turbine positioniert wäre. Ursache dafür ist der unterschiedliche Einfluss auf das Gesamtdruckverhältnis der Turbine. Dieser Vorteil der motornahen Rekuperation wird aber bereits durch eine geringe Abkühlung des Abgases kompensiert. Unter Annahme eines konstanten Turbinenwirkungsgrades η_T, ist die Absenkung der Eintrittstemperatur T_{3vT} um 50 Kelvin in etwa mit einem Druckverlust Δp_{WT} von 100 Millibar vergleichbar. Selbst bei einer thermischen Rekuperation ohne Druckverlust sinkt die spezifische isentrope Turbinenleistung um mindestens 10 Prozent, sobald die Abgastemperatur um 100 Kelvin abgekühlt wird. Daraus lässt sich schlussfolgern, dass ein hohes Low-end-torque beim Einsatz eines motornahen Abgaswärmetauschers nur durch eine angepasste bzw. reduzierte Abgaskühlung erreicht werden kann.

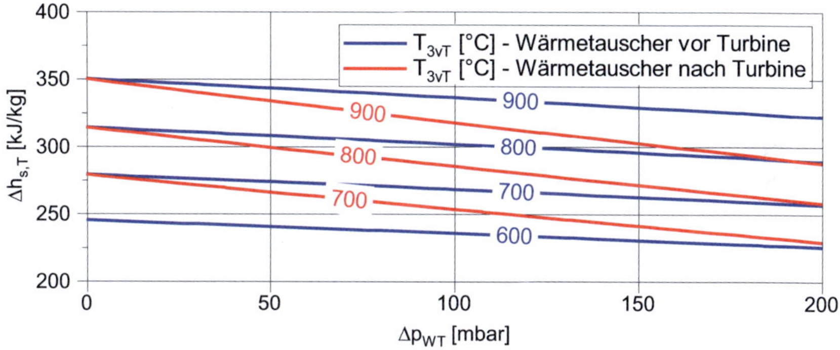

Abb. 29: Einflussgrößen der isentropen Turbinenleistung (2000 min^{-1} VL, p_{3nZ}=2,5 bar, sim.)

Zusätzlich zu den genannten energetischen Aspekten beeinflusst die Langzeitstabilität der zyklisch hochbelasteten Wärmetauscheroberfläche die Lebensdauer des Abgasturboladers entscheidend. Ein Ablösen von Zunderteilchen oder Materialpartikeln kann zur deutlichen Schädigungen des Turbinenrades und des nachgeschalteten Katalysators führen. Bei der Auslegung ist daher auf eine entsprechende Materialwahl und Oberflächengüte zu achten.

5.2.3 Restriktion durch die Abgasnachbehandlung

Die Abgasnachbehandlung des homogen betriebenen Versuchsmotors erfolgt durch einen Dreiwegekatalysator. Dieser besteht aus einem keramischen Trägermaterial mit einer Beschichtung aus Edelmetall (Platin, Rhodium, Iridium). Diese wandeln bei einem stöchiometrischen Kraftstoff-Luft-Verhältnis von λ=1 die umwelt- und gesundheitsschädlichen Kohlenmonoxid-, Kohlenwasserstoff- und Stickoxidrohemissionen in Kohlendioxid, Stickstoff und Wasser um. Der dazu erforderliche katalytische Prozess benötigt eine ausreichend hohe Abgastemperatur. Diese sogenannte Light-off-

Temperatur ist abhängig von der Abgaszusammensetzung und steigt mit der Alterung des Katalysators. Für eine Schadstoffkonvertierungsrate von 50 Prozent beträgt sie etwa 250°C [Sch10a].

Zur Einhaltung der gesetzlich reglementierten Abgasemissionen beim kaltgestarteten Verbrennungsmotor ist das schnelle Erreichen einer hohen Schadstoffkonvertierungsrate zwingend erforderlich. Das setzt eine rasche Erwärmung von Abgasleitung und katalytischem Trägermaterial durch eine optimale konstruktive Auslegung (geringe Wandwärmeverluste der Abgasleitung, motornahe Katalysatoranordnung, Katalysatordimensionierung, etc.) sowie ein angepasstes Abgasenergiemanagement (Leerlaufdrehzahlanhebung, innermotorische Maßnahmen wie beispielsweise Homogen-Split-Einspritzverfahren) voraus [Bos05, Vol04, Kre05, Kes07, Mau99, Bau03]. Die sogenannte Katalysatorheizphase nach einem Kaltstart ist abgeschlossen, sobald das aktivierte Katalysatorvolumen auch während der ersten Beschleunigungsphasen eine ausreichende Schadstoffkonvertierung garantiert.

Die Restriktionen einer Abgasnachbehandlung bezüglich der Auslegung eines motornahen thermischen Rekuperationssystems lassen sich wie folgt daraus ableiten:

a. Minimierung der Wärmeverluste abgasführender Bauteile im Niedriglastbetrieb und beim Motorkaltstart, beispielsweise durch Verringerung der abgaswärmeübertragenden Oberfläche
b. Minimierung der Wärmekapazität abgasführender Bauteile, beispielsweise durch dünnwandige ungekühlte Leitungen und / oder durch Verringerung der abgaswärmeübertragenden Oberfläche

5.2.4 Restriktion durch das Kühlsystem

Grundsätzlich können zur Kühlung der thermoelektrischen Generatoren sowohl der Fahrtwind, als auch bestehende Kühlmittel- oder Kältemittelkreise genutzt werden. Die Integration zusätzlicher, separater Kühl- oder Kältekreisläufe ist ebenfalls möglich [Maz10]. Zur Gewährleistung einer hohen TEG-Effizienz müssen bei der Wahl und Auslegung des Kühlsystems relativ niedrige Temperaturen am TEG-Kühler angestrebt und eine hohe Betriebssicherheit im Volllastfall sichergestellt werden.

Die Kriterien für die Auslegung oder Erweiterung eines Kühlkreislaufes unterliegen keiner gesetzlichen Bestimmung und variieren zwischen den Fahrzeugherstellern. Typische Anforderungen sind beispielsweise eine ausreichende Kühlung thermisch kritischer Bauteile und die Vermeidung von Dampfblasenbildung im Kühlmittel (Kavitationsgefahr). Repräsentative Fahrprofile, die mit hohem Wärmeeintrag und geringer Fahrtwindkühlung die thermischen Grenzen eines Kühlsystems definieren, sind beispielsweise [Bar01, Sim08]:

- 30 km/h Bergfahrt - 12 Prozent Steigung, maximale Beladung und Anhängelast
- 60 km/h Bergfahrt - 12 Prozent Steigung, maximale Beladung und Anhängelast
- Höchstgeschwindigkeit - maximal zulässiges Gesamtgewicht

Laut Friedrich [Fri10] kann der zusätzliche Wärmeeintrag eines Abgaswärmetauschers in den meisten Betriebsfällen ohne zusätzlichen Energieaufwand über das konventionelle Kühlsystem an die Umgebung abgegeben werden. Reicht die passive Fahrtwindkühlung vor allem bei hoher Umgebungstemperaturen und niedriger Geschwindigkeit nicht mehr aus, so muss die Wärme zu Lasten des TEG-Systemwirkungsgrades mit Hilfe elektrischer Motorlüfter aktiv abgeführt werden. Steigt der Wärmeeintrag weiter an und begrenzt ein zu klein dimensioniertes Kühlsystem die Wärmeabfuhr, so müssen entweder die effektive Kühleroberfläche vergrößert oder zusätzliche Kühler in das Kühlsystem des Fahrzeuges integriert werden. Beide Maßnahmen wirken sich direkt auf den Luftwiderstand bzw. den Fahrwiderstand des Fahrzeuges aus. Nach Barnard [Bar01] beträgt der Einfluss der Motorkühlung auf den c_W-Wert etwa 0,03 bis 0,04. Das entspricht etwa 10 Prozent des Luftwiderstandsbeiwertes vom Versuchsfahrzeug. Eine kühlerbedingte Verschlechterung des c_W-Wertes um 0,01, würde den Kraftstoffverbrauch beispielsweise bei 130 km/h um 0,4 Prozent erhöhen und die Höchstgeschwindigkeit um 2 km/h reduzieren. Weiterhin impliziert die Vergrößerung der Kühlerfrontfläche eine Verschlechterung der thermischen Isolierung des Motorraumes. Die Folgen wären ein verzögerter Motorwarmlauf und eine schnellerer Abkühlung des Motorraumes nach Motorstopp. Die Nachteile einer vergrößerten Kühlerfrontfläche können allerdings durch aktiv oder passiv (durch Fahrtwinddruck oder Motorlüftersog) öffnende Kühlerjalousien teilweise kompensiert werden.

Betriebssicherheit bei Kühlerverschmutzung

Eine Abwärmenutzung des TEG-Wärmetauscherverbundes zur Warmlaufbeschleunigung ist durch eine Kopplung von TEG-Kühlung und Motorkühlkreislauf möglich und sinnvoll (Kapitel 5.1.1). Dabei ist zu beachten, dass durch entsprechende Auslegung von TEG-Kühler und Kühlkreislauf auch nach langer Betriebszeit (Verschmutzung, Verschleiß) unter Extrembedingungen eine ausreichende Kühlung des Motors und der thermoelektrischen Module sichergestellt wird.

Betriebssicherheit bei Kühlsystemüberlastung

Bei einem zu hohen Kühlleistungsbedarf und unzureichender Wärmeabgabe an die Umgebung (worst-case-Belastung, Verschmutzung, Schadensfall, etc.), kann ein drastischer Anstieg der Kühlmitteltemperatur sowohl zu Schäden am Kühlmedium selbst sowie an den kühlmittelführenden Komponenten (Kavitation, Überhitzung) und den zu kühlenden Bauteilen führen. Aufgrund ihrer hohen thermischen Belastung ist bei einer Überhitzung vor allem im Bereich der Auslassventilstege mit thermischen Schäden zu rechnen. Zur Vermeidung einer Kühlsystemüberlastung kann der Wärmeeintrag des Motors durch Reduzierung der Motorleistung abgesenkt werden. Weiterhin kann die Klimaanlage deaktiviert bzw. gedrosselt werden. Mögliche Maßnahmen zum reduzierten Wärmeeintrag durch den TEG-Kühler sind:

- Vollständiger Bypass um den Abgaswärmetauscher (Deaktivierung der entsprechenden Auslassventile)
- Reduzierte Durchströmung des Abgaswärmetauschers (Variation asynchroner Auslassventilsteuerzeiten → z.B. Vorauslassstoß nur über Innenkrümmer)
- Erhöhung des Kontaktwiderstandes zwischen TEG-Kühler und Abgaswärmetauscher (z.B. Reduzierung Anpresskräfte)

Betriebssicherheit nach Motorstopp

Kritische Temperaturen in allen kühlmittelgekühlten Bauteilen treten vor allem dann auf, wenn der Motor mit einer riemengetriebenen Kühlmittelpumpe nach einem Volllastbetrieb, wie etwa einer Autobahnfahrt, abgeschaltet wird. Beim Versuchsfahrzeug stellt in dem Fall eine kühlmitteltemperaturgeregelte aktive Nachkühlung den Schutz vor thermischen Bauteilschäden und Ölverkokung im Abgasturbolader sicher. Die Kühlmittelförderung übernimmt währenddessen eine elektrische Kühlmittelpumpe. Bei Bedarf kann zusätzlich ein elektrischer Motorlüfter aktiviert werden.

Die hohen Bauteiltemperaturen und die große thermische Masse erfordern auch beim Abgaswärmetauscher ein aktives Nachkühlen. Zum Schutz von Wärmeleitpaste und Verkabelung sowie zur Vermeidung von Dampfblasenbildung, darf die maximale

Bauteiltemperatur des Wärmetauschers am Ende der aktiven Nachkühlphase einen Wert von 120°C nicht überschreiten.

Bei der Beurteilung des höheren energetischen Aufwandes einer TEG-Nachkühlung müssen zwei Punkte berücksichtigt werden. Zum einen erfordern hohe Bauteiltemperaturen einen langen Motorbetrieb mit entsprechend hoher Rekuperationsrate. Andererseits generieren die thermoelektrischen Module auch während der Motornachlaufphase eine elektrische Leistung, welche den zusätzlichen Energiebedarf von elektrischer Kühlmittelpumpe ($P_{el,TEG\text{-}KMP}$=15 Watt) und Motorlüfter kompensieren kann:

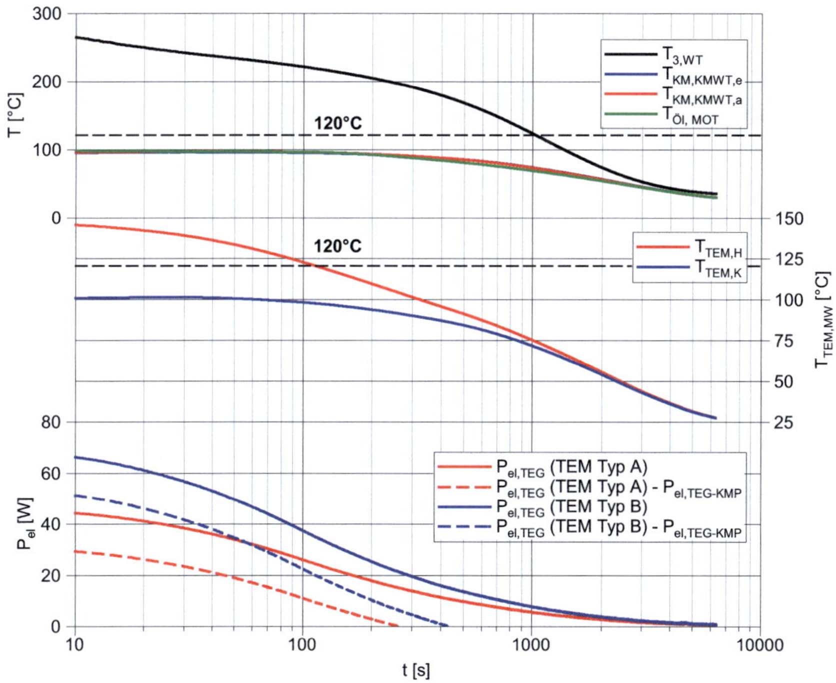

Abb. 30: Abkühlkurve des TEG bei Motorstillstand nach 50 km/h Konstantfahrt (mess.)

5.2.5 Restriktionen durch das Bordnetz

Der dauerhaft zulässige Spannungsbereich eines konventionellen Bordnetzes liegt zwischen 12 und 16 Volt. Ein integrierter Regler des riemengetriebenen Generators, welcher in erster Näherung als eine Gleichspannungsquelle angenommen werden kann, regelt bei Motorbetrieb die Bordnetzspannung auf etwa 14,4 Volt [Wal11].

Die thermoelektrisch generierte Spannung eines TEG weist hingegen eine nahezu lineare Abhängigkeit von der anliegenden Temperaturdifferenz auf. Anstieg und Maximum des Spannungsverlaufes sind abhängig von den Eigenschaften und der Anzahl der typischerweise seriell verschalteten Thermoschenkelpaare. Liegt die thermoelektrisch generierte Spannung, beispielsweise bei zu geringer Temperaturdifferenz, unterhalb der Bordnetzspannung, so würden die Module bei einer direkten Bordnetzintegration als energieverbrauchende Peltier-Elemente arbeiten. Erst wenn die TEG-Spannung das am „TEG-Generator-Bordnetz"-Knotenpunkt anliegende maximale Spannungsniveau (inklusive Oberwellen) des Bordnetzes überschreitet, regelt der Generator automatisch ab und es kommt zur Verbrauchseinsparung [Bot11].

Der thermoelektrisch generierte Strom und die Effizienz der Module werden wesentlich durch den anliegenden Lastwiderstand beeinflusst. Im optimalen Fall entspricht dieser genau dem Innenwiderstand der verschalteten Module [Ang71].

Ausgehend von dem deutlich eingeschränkt nutzbaren Spannungsbereich und dem toleranzbehafteten, alterungs- und temperaturabhängigen Innenwiderstand jedes Modules, kann eine sichere und effiziente Kopplung von TEG und Bordnetz nur über einen elektrischen Spannungswandler erfolgen.

Im einfachsten Fall kann dafür eine kostengünstige Leistungsdiode [Maz10] verwendet werden. Alternativ dazu ist ein mehr oder minder komplexer DC/DC-Wandler (z.B. Buck-Boost-Konverter) denkbar. Den Idealfall stellt eine Impedanzanpassung jedes einzelnen Modules dar, wie sie in der Photovoltaik bereits Stand der Technik ist. Voraussetzung dafür ist ein DC/DC-Wandler, der den Lastwiderstand permanent den vorherrschenden Bordnetzbedingungen und dem momentanen Innenwiderstand der Module anpasst [Fri10].

Bei der Auswahl eines Spannungswandlers muss berücksichtigt werden, dass mit Zunahme der zu wandelnden Spannungsspreizung und elektrischen Leistung nicht nur die Wechselverluste sondern auch die Systemkosten deutlich steigen [Fri10].

Soll aus Kostengründen auf eine aktive Spannungswandlung mit Impedanzanpassung verzichtet werden, so sind bei der Auslegung des TEG-Wärmetauscherverbundes jeweils an der Heiß- und Kaltseite aller Module annähernd gleiche Oberflächentemperaturen anzustreben.

Bedarf und Anforderungen an einen elektrischen Zwischenspeicher

Übersteigt die rekuperierte elektrische Leistung der thermoelektrischen Generatoren den Bordnetzbedarf, so ist eine elektrische oder elektrochemische Zwischenspeicherung sinnvoll. Herkömmliche Akkumulatoren weisen allerdings nur eine begrenzte Zyklenfestigkeit auf. Vor allem bei der im Versuchsfahrzeug verwendeten konventionellen Blei-Säure-Batterie, führen häufige hohe Lade- und Entladeströme zu einer beschleunigten Alterung.

Im Gegensatz zu anderen Rekuperationsarten, wie etwa eine Bremsenergierückgewinnung, weist ein TEG deutlich gedämpfte Ladekurven auf. Die Wärmekapazität des Wärmetauscherverbundes verhindert selbst bei einem Lastsprung einen hohen Ladestromgradienten. Eine beschleunigte Alterung des Akkumulators durch einen TEG ist daher nicht zu erwarten. Steigt die zyklische Belastung etwa durch steigende Rekuperations- und Moduleffizienz oder sinkenden Bordnetzenergiebedarf deutlich an, so stellen AGM-Batterien (Absorbent Glass Mat) eine serienmäßig etablierte, kostengünstige und recycelbare Alternative zur Blei-Säure-Batterie dar [Flo10].

Anpassung Bordnetzenergiemanagement

Ziel des Bordnetzenergiemanagements ist eine dauerhaft sichere und effiziente Energieversorgung aller elektrischen Verbraucher. Die Diagnose und Organisation der Erzeuger und Verbraucher elektrischer Leistung regelt ein Last- und Generatormanagement [Rei07]. Ein TEG mit entsprechender Spannungswandlung könnte theoretisch ohne zusätzliche Sensorik in diesem Regelkreis betrieben werden. Die thermoelektrisch generierte Leistung ließe sich beispielsweise indirekt durch die bereits bekannten Größen: Generatorlast, Verbraucherlast und den gemessenen Batteriedaten berechnen.

Eine zusätzliche Erfassung der thermoelektrischen Kenngrößen U_{TEG} und I_{TEG} ermöglicht die kontinuierliche Diagnose von TEG und Spannungswandler. Weiterhin bietet sie den Vorteil, dass bei bekannter Kühlmitteltemperatur die Heißseitentemperatur der Module über die generierte Spannung abgeschätzt werden kann. Ist die Wärmekapazität des Wärmetauscherverbundes bekannt, so lassen sich die Abkühlkurve des TEG und die elektrischen Energieströme während der Nachkühlphase bereits ab Motorstillstand prognostizieren.

5.2.6 Restriktionen zur Vermeidung von Wärmetauscherverschmutzung

Das Abgas von Verbrennungsmotoren enthält kohlenwasserstoffhaltige Verbindungen[1]. Ist die Abgastemperatur beispielsweise während der Motorwarmlaufphase und im Motorleerlauf sehr niedrig, so kann in der Nähe der gekühlten Wärmetauscherwand die Taupunkttemperatur dieser leichtflüchtigen Verbindungen und des im Abgas enthaltenen Wasserdampfes unterschritten werden. Durch Adsorptionsprozesse bildet sich aus diesem Kondensat und weiteren Partikeln (Asche von Öladditiven, Metallspäne, etc.) ein zäher Schmierfilm auf der Wärmetauscherwand [Web90, Bec00]. Daran lagern sich weitere Partikel und Kohlenstoffverbindungen an, die infolge von Thermophorese[2] verstärkt zur kalten Wand transportiert werden. Die isolierende Wirkung der Ablagerungsschicht (λ=50..150 W/m²K) lässt die Oberflächentemperatur des Schmierfilms ansteigen und dessen Adsorptionsneigung sinkt. Nur Partikel mit ausreichend großer Haftfähigkeit werden weiter angelagert. Diffusionsvorgänge und physikalische Einflüsse (Abgaspulsation, Turbulenzen) führen zu einer Verdichtung der Ablagerungsschichten. Eine abrasive Abtragung durch „trockene" Partikel oder die Verdampfung des Schmierfilmes bei hohen Abgastemperaturen wird zunehmend erschwert [Web90].

Die isolierende Wirkung einer solchen Ablagerung reduziert die Wärmetauschereffizienz signifikant. Weiterhin können solche Verschmutzungen die Strömungsverteilung negativ beeinflussen und zum Anstieg des Abgasgegendruckes führen. Sind niedrige Abgas- und Wandtemperaturen während des Motorbetriebes unvermeidbar, so können bereits bei der Wärmetauscherauslegung konstruktive Maßnahmen getroffen werden, die einer ungünstigen Kondensatbildung und einem raschen Ablagerungsprozess entgegenwirken. Untersuchungen [Web90] an berippten Wärmetauscheroberflächen zeigen, dass vor allem die sehr geringe Strömungsgeschwindigkeiten im Bereich des Rippenspaltfußes die Bildung von Ablagerung begünstigen. Durch eine Vergrößerung des Rippenabstandes können die Strömungsgeschwindig-

[1] Vor allem unverbrannter Kraftstoff und über die Kolbenringe eingetragenes Schmieröl und Öladditive
[2] Bezeichnet die Bewegung von Teilchen infolge eines Temperaturgradienten in Richtung fallender Temperatur [Bec00]

keiten im Rippenspalt angehoben und die Ablagerung verzögert werden, allerdings sinkt dadurch ebenfalls die Wärmetauschereffizienz.

Demgegenüber trägt der instationäre Motorbetrieb mit seinen Vibrationen und ständig wechselnden Abgastemperaturen und Strömungsgeschwindigkeiten zur permanenten Reinigung des Wärmetauschers bei. Voraussetzung für diesen sehr effektiven Reinigungsmechanismus sind allerdings sehr trockene und kohlenstoffarme Ablagerungen.

Für einen motornah angeordneten Abgaswärmetauscher bedeutet diese Forderung, dass alle Kanaloberflächen nach Motorstart rasch aufgeheizt werden müssen. Diese Maßnahme vermindert Adsorptions- und Kondensationsvorgänge, die sonst die Haftfähigkeit der Partikel und die Festigkeit der Ablagerungsschichten erhöhen würden. Weiterhin muss durch das Thermomanagement sichergestellt werden, dass die abgasseitige Wandtemperatur während des Motorbetriebes nicht unter die Wassertaupunkttemperatur von 44°C fällt. Liegt die Wandtemperatur über 120°C, so wird die ablagerungsbildende Kondensation von Wasser und leichtflüchtigen Kohlenwasserstoffen nahezu vollständig unterbunden [Web90].

Wird das geforderte Temperaturniveau jedoch während des Motorleerlaufes unterschritten, so können Turbulenzen mit hohen Pulsationsamplituden und Pulsationsfrequenzen diese Ablagerung beim nächsten Teillastbetrieb wieder reduzieren. Durch eine geeignete Rippenanordnung und Strömungsführung sollten deshalb Turbulenzen mit den genannten Eigenschaften angestrebt sowie Partikelansammlung durch Impaktion vermieden werden.

5.2.7 Restriktionen durch einen Einsatz im Fahrzeug

Für den Einsatz im Fahrzeug sind neben der konstruktiven Integration des TEG-Wärmetauschers in Abgasleitung, Kühlsystem und Bordnetz eine Vielzahl weiterer Randbedingungen zu beachten. Dazu gehören unter anderem:

- Hohe Systemeffizienz (inklusive elektrische Wandlung und Kühlung)
- Geringer Bauraumbedarf und niedriges Systemgewicht
- Diagnosefähigkeit
- Niedrige Life-cycle-Kosten und geringer Aufwand für Fertigung, Montage, Betrieb, Wartung, Reparatur und Recycling
- Keine Beeinträchtigung der Akustik

Wesentliche Einschränkungen bei der konstruktiven Auslegung des TEG-Wärmetauscherverbundes sind der limitiert zur Verfügung stehenden Bauraum und die vordefinierten Anschlusspositionen der Auslasskanäle und des Abgasturboladers. Vor allem Kurbelgehäuse, Zylinderkopf und Spritzwand begrenzen beim quer eingebauten Motor das maximale Wärmetauschervolumen. Eine gekühlte motornahe Rekuperation bietet in diesem Zusammenhang wesentliche Vorteile durch die deutliche Reduzierung der Wärmeabstrahlung abgasführender Bauteile in den Motorraum. Es kann dadurch auf thermische Schutzmaßnahmen, wie etwa Hitzebleche verzichtet und zusätzlicher Bauraum gewonnen werden.

Zusätzlich zum TEG-Wärmetauscherverbund bedarf es für dessen sicheren und effizienten Betrieb einer Vielzahl weiterer Komponenten. Dazu zählen vor allem Kühlmittelverschlauchung und Verkabelung sowie ein vom Systemaufbau abhängiger Spannungswandler, zusätzliche Ventile, elektrische Kühlmittelpumpen und ein vergrößerter oder zusätzlicher Fahrzeugkühler. Das daraus resultierende zusätzliche Fahrzeuggewicht führt im transienten Betrieb zu erhöhtem Leistungs- und Kraftstoffbedarf. Beispielsweise steigt der Kraftstoffverbrauch des Versuchsfahrzeuges durch ein Mehrgewicht von 10 Kilogramm sowohl im NEFZ als auch im realen Fahrbetrieb um etwa 0,04 l/100 km bzw. 0,2 Prozent [Dud09, Rei08a].

5.3 Lastenheft

Die durchgeführten Vorbetrachtungen bilden die Grundlage für eine prototypische konstruktive Auslegung eines motornah angeordneten TEG-Wärmetauscherverbundes. Aus den Erkenntnissen lassen sich folgende Anforderungen an das System und ihre Komponenten definieren:

Tab. 6: Lastenheft des TEG-Wärmetauscherverbundes

TEG-Komponente	Anforderung
Innenkrümmer	Minimales Abgasvolumen und abgasführende Oberfläche (nicht größer als Serienkrümmer)
Abgaswärmetauscher	Maximales Abgasvolumen und Wärmetauscheroberfläche
	Homogene Temperaturverteilung an den Moduloberflächen
TEG-Kühlkreislauf	Einbindung in Serienkühlkreislauf
	Maximal zulässiger Systemdruck im Kühlsystem: 1,7 bar
	Maximal zulässige Kühlmitteltemperatur: 115 °C
	Nutzung der Abwärme zur Warmlaufbeschleunigung
	Homogene Temperaturverteilung an den Moduloberflächen
TEG-Module	Einsatz planer Module mit typischer Geometrie und Dimension
	Maximal zulässige Modultemperatur: 700°C
	Maximal zulässige Flächenpressung: 2,0 MPa
	Möglichkeit zur Wartung und zum Austausch
	Vorhalten von Bauraum für die Modulverkabelung
Gesamtsystem	Verfügbarer Bauraum wird durch das Versuchsfahrzeug definiert
	Maximales Mehrgewicht: 25 kg
	Maximaler Abgasgegendruck: 30 mbar bei 130 km/h
	Mindestens gleiche Systemperformance wie Serienmotor: • Low-end-torque • Nennleistung • Response bei Lastaufschaltung • Elastizität bei Fahrzeugbeschleunigung • Kraftstoffverbrauch im Motorbetriebskennfeld • Emissionen (Light-off-Dauer, Light-off-Temperatur im Motorleerlauf)

6 Systemauslegung

Die konstruktive Umsetzung des in Kapitel 3 vorgestellten Ansatzes zur motornahen Integration eines Abgaswärmetauschers setzt in einem ersten Schritt die Auswahl einer geeigneten Auslasskanalführung voraus. Als Referenzkriterium gilt dabei die stationäre Volllastkennlinie des serienmäßigen Versuchsmotors.

Die Vorbetrachtungen in Kapitel 5 zeigen, dass bei einer motornahen Rekuperation die angestrebte Volllastperformance und insbesondere das hohe Low-end-torque nur durch ein optimales Zusammenspiel von Aufladung und Ladungswechsel erreichbar sind. Während der dafür erforderliche Ladedruckaufbau vor allem durch aktives Spülen und positives Spülgefälle unterstützt werden kann, ist ein ungestörter Ladungswechsel zum Erreichen der angestrebten Volllastwerte zwingend erforderlich. Ein Übersprechen der einzelnen Zylinder über Krümmer oder Wärmetauscher während des jeweiligen Auslassvorganges ist aus diesem Grund weitestgehend zu vermeiden.

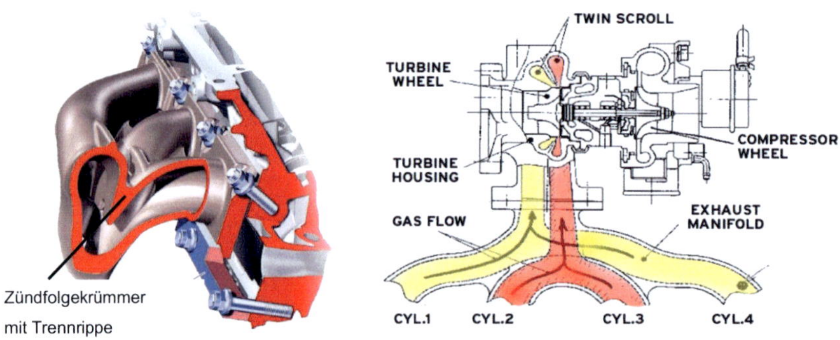

Abb. 31: Zündfolgekrümmer für Mono- (li.) und Twinscrolllader (re.) [Vol04, Sau09]

Eine Möglichkeit dafür ist die im Versuchsmotor serienmäßig umgesetzte Begrenzung der maximalen Öffnungsdauer der Auslassventile auf 180°KW [Vol04, Boe08, Hel08]. In Kombination mit Zündfolgekrümmer (Abb. 31, links) und angepasstem Monoscrolllader, wird damit bereits bei niedriger Motordrehzahl eine hohes Low-end-torque erreicht. Der wesentliche Nachteil dieser kurzen Öffnungsdauer liegt in der erhöhten Ausschiebearbeit bei Volllastbetrieb [Wur08].

Eine weitere Möglichkeit besteht darin, dass die Abgasmassenströme der beiden äußeren und inneren Zylinder durch ein zweiflutiges Turbinengehäuse (Twinscrollla-

der) erst direkt vor dem Turbinenrad zusammengeführt werden (Abb. 31, rechts). Dadurch steht für den Ladungswechsel theoretisch eine maximale Öffnungsdauer der Auslassventile von 360°KW zur Verfügung [Sau09, Wur08]. Vorteilhaft am Einsatz eines Twinscrollladers ist der vergleichsweise geringe Abgasgegendruck im Teillastbetrieb. Dadurch verbessert sich das Spülgefälle und der Luftaufwand steigt. Dies führt wiederum zum Anstieg des Massendurchsatzes an der Turbine und den Vorteilen der implizit höheren Turbinenleistung. Liegt ein positives Spülgefälle vor, so kann bei langer Auslassöffnungsdauer, großer Ventilüberschneidung und angepasster Einspritzung eine aktive Luftspülung des Brennraumes zusätzlich unterstützt und der Turbinendurchsatz weiter gesteigert werden. Nachteilig am Twinscrolllader ist die erhöhte Ausschiebearbeit bei höheren Lastpunkten infolge der partiellen Nutzung des Turbinenschluckvermögens und der hohen Strömungsverluste an der Trennwand des zweiflutigen Gehäuses. Hinzu kommen sehr hohe thermische Anforderungen an die Trennwand des Turbinengehäuses sowie Verzögerung des Katalysator-Light-off beim Kaltstart durch die Zunahme der abgasführenden Kanaloberfläche.
Als dritte Möglichkeit ist theoretisch die separate Weiterführung des Abgases von Krümmer und Wärmetauscher auf zwei parallel betriebene Turbolader möglich. Die Halbierung des Durchsatzes erfordert allerdings sehr kleine Lader mit konstruktiv bedingt niedrigen Wirkungsgraden sowie einen unverhältnismäßig hohen konstruktiven Aufwand. Aus diesen Gründen wird ein solcher Ansatz nicht weiter verfolgt.
Aufbauend auf den oben genannten Möglichkeiten zur Verbesserung der Motorperformance, werden in den folgenden Untersuchungen[1] verschiedener Abgaskanalführungen und Abgasturbolader (Monoscroll, Twinscroll) miteinander kombiniert. Als Basis dient der Versuchsmotor im Serienzustand mit variabler Einlassnockenwelle (EO optimal), kurzer Öffnungsdauer der Auslassventile ($AD=180°KW_{1mm-1mm}$) und Monoscrolllader. Ausgehend von einem einfachen Austausch des Zündfolgekrümmers durch einen TEG-Wärmetauscherverbund mit Innenkrümmer und Abgaswärmetauscher, erfolgt anschließend sukzessive der Wechsel zu einem Twinscrolllader.

[1] Alle aufgeführten Variantenvergleiche basieren auf einer Motorprozessrechnung mit konstanten Wärmetauscher- und Krümmervolumina. Diese entsprechen dem in Kapitel 7 konstruierten Innenkrümmer und TEG-Wärmetauscherverbund. Die thermischen Randbedingungen und die Modellparametrierung sind im Anhang 11.3 aufgeführt.

6.1 Abgaskanalführung mit Monoscrolllader

Die parallele Durchströmung von Innenkrümmer und Wärmetauscher mit anschließender Zusammenführung vor dem Turbineneintritt eines Monoscrollladers, stellt die einfachste konstruktive Umsetzung des in Kapitel 3 vorgestellten Lösungsansatzes dar. Tabelle 7 beinhaltet drei mögliche Abgaskanalführungen durch Krümmer (rot) und TEG-Wärmetauscher (blau). Die Varianten unterscheiden sich zum einen darin, ob die Zündfolgetrennung des Innenkrümmers ebenfalls im Wärmetauscher umgesetzt wird (Variante 1a gegenüber Variante 1b und 1c). Zum anderen differieren sie in der Reihenfolge von Zylinderzusammenführung und Vermischung des gekühlten und ungekühlten Abgases (Variante 1a und 1b gegenüber Variante 1c).

Tab. 7: Varianten der Abgaskanalführung mit Monoscrolllader

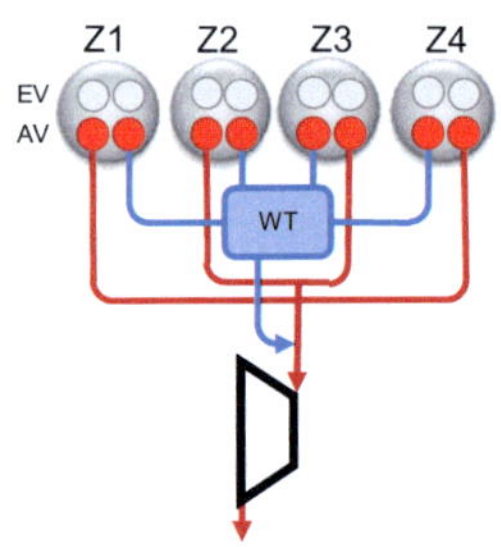	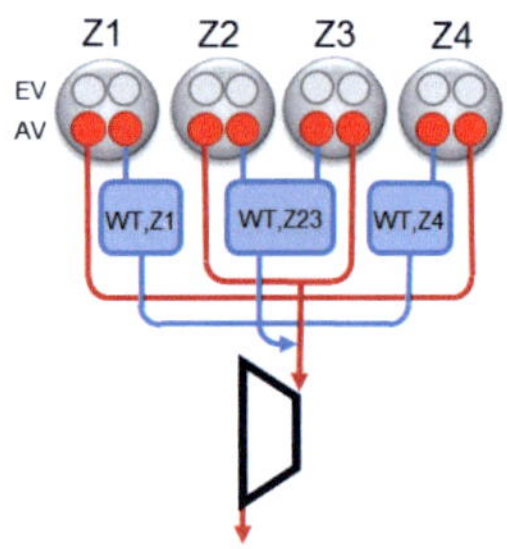	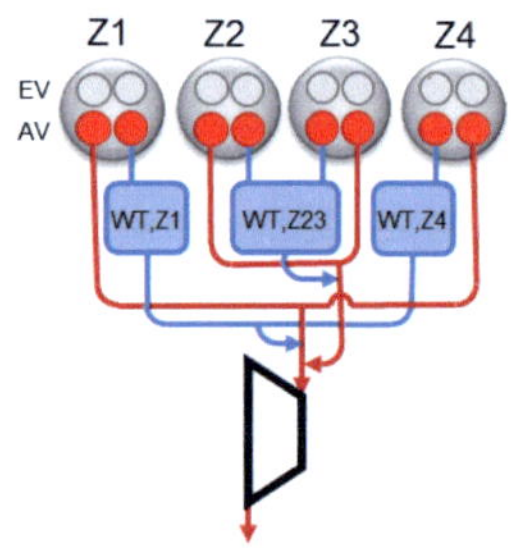
Variante 1a	**Variante 1b**	**Variante 1c**
TEG-Wärmetauscher	*TEG-Wärmetauscher mit Zündfolgetrennung*	*TEG-Wärmetauscher mit Zündfolgetrennung und Kanaltrennung*

Die Art der Abgaszusammenführung (Tab. 8) vor dem Monoscrolllader hat unabhängig von der Kanalführung einen direkten Einfluss auf die Gasdynamik im motornahen Abgasstrang. Vor allem das Überströmen des Abgases zwischen Krümmer- und Wärmetauscherkanal kann sich negativ auf den Ladungswechsel und somit auch auf die Motorperformance auswirken. Die effektivste Möglichkeit zur Vermeidung einer gegenseitigen Strömungsbeeinflussung, ist die Zusammenführung des Abgases in einem zwei- oder vierflutigen Pulseconverter mit Ejektordüse und Mischrohr. Durch

Tab. 8: Varianten der Abgaskanalzusammenführung vor Monoscrolllader

Zusammenführung	Y-Verbindung	Ringkanal	Ringspalt	Pulseconverter
Schema		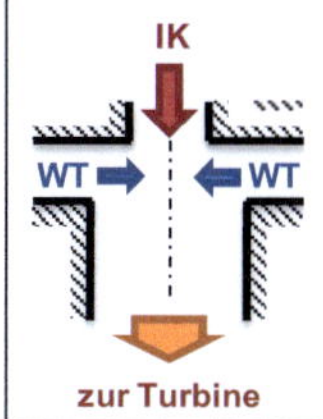	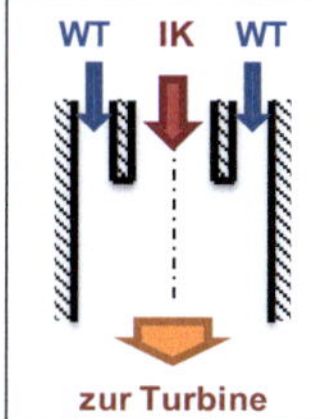	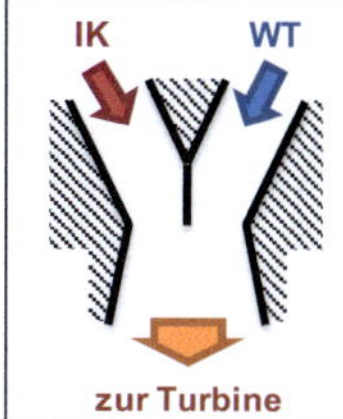
Überströmen	möglich	möglich	möglich	begrenzt möglich
Bauraumbedarf	hoch	gering	gering	hoch
Durchmischung	gut	sehr gut	gut	gut
Druckverlust	gering	hoch	gering	hoch

das Wirkprinzip können theoretisch die jeweiligen Vorteile von Stoß- (Nutzung der kinetischen Abgasenergie, gute Restgasspülung) und Stauaufladung (permanente Beaufschlagung der Turbine) an einem Monoscrolllader kombiniert werden:

Das Abgas strömt während der Spülphase eines Zylinders mit abnehmendem Massenstrom und sinkender Geschwindigkeit in das Mischrohr. Gleichzeitig gelangt mit höherer Geschwindigkeit das Abgas des zeitlich nachfolgenden spülenden Zylinders ebenfalls in das Mischrohr. Durch einen Impulsaustausch bildet sich eine mittlere Strömungsgeschwindigkeit aus. Im Anschluss bewirkt der Ejektoreffekt im düsenförmigen Mischrohr ein positives Spülgefälle über den Pulseconverter. Ein Überströmen zwischen den einzelnen Abgaskanälen ist somit nahezu unterbunden.

Einer der Nachteile des Pulseconverters ist sein großer Bauraumbedarf, da alle Abgasleitungen kolinear in das Mischrohr eintreten müssen. Weiterhin dämpft der Ejektoreffekt die für eine effektive Stoßaufladung erforderlichen Abgasimpulse. Beides sind wesentliche Gründe dafür, dass diese Art der Kanalzusammenführung nur bei Großdieselmotoren mit ungerader Zylinderzahl und Forschungsmotoren für Pkw-Antriebe [Mar00] verwendet wird. Auch am Versuchsmotor ist eine Kanalzusammenführung mittels Pulseconverters nicht umsetzbar, da einerseits der zur Verfügung stehende Bauraum nicht ausreicht und andererseits die deutliche Vergrößerung der abgasbeaufschlagten Oberfläche die Light-off-Dauer übermäßig verlängert. Stattdessen wird eine sehr einfache und kompakte Y-Zusammenführung gewählt.

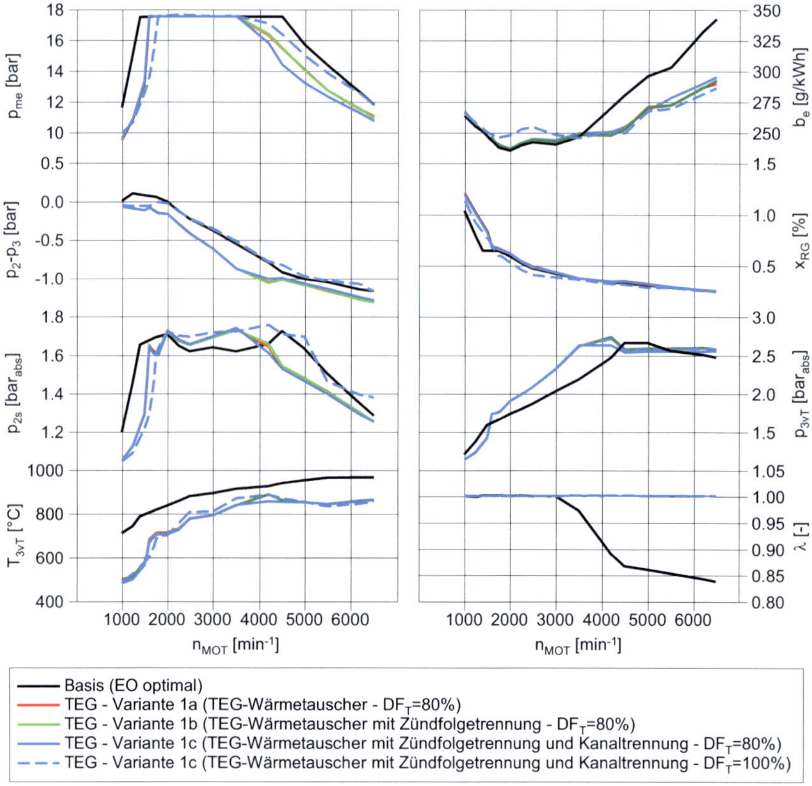

Abb. 32: Volllastwerte einer Abgaskanalführung mit Monoscrolllader (EO optimal, sim.)

In Abbildung 32 sind die stationären Volllastwerte aller untersuchten Kanalführungen mit Monoscrolllader dargestellt. Ein positives Resultat ist die signifikante Reduzierung der Abgastemperatur vor Turbine infolge der Zusammenführung von gekühltem und ungekühltem Abgas. Auf eine Kraftstoffanreicherung zur Einhaltung der maximal zulässigen Abgastemperatur vor Turbine kann aus diesem Grund verzichtet werden. Entscheidender Nachteil ist, dass alle Varianten, selbst mit kleinerer Turbine (DF_T=80%), das Low-end-torque des Basismotors nicht erreichen. Durchgeführte Motorprozessrechnungen ohne Bauraumrestriktionen zeigen zudem, dass eine Variation der motornahen Abgaskanalgeometrie (Länge, Durchmesser) die Gasdynamik nur noch unwesentlich verbessert.

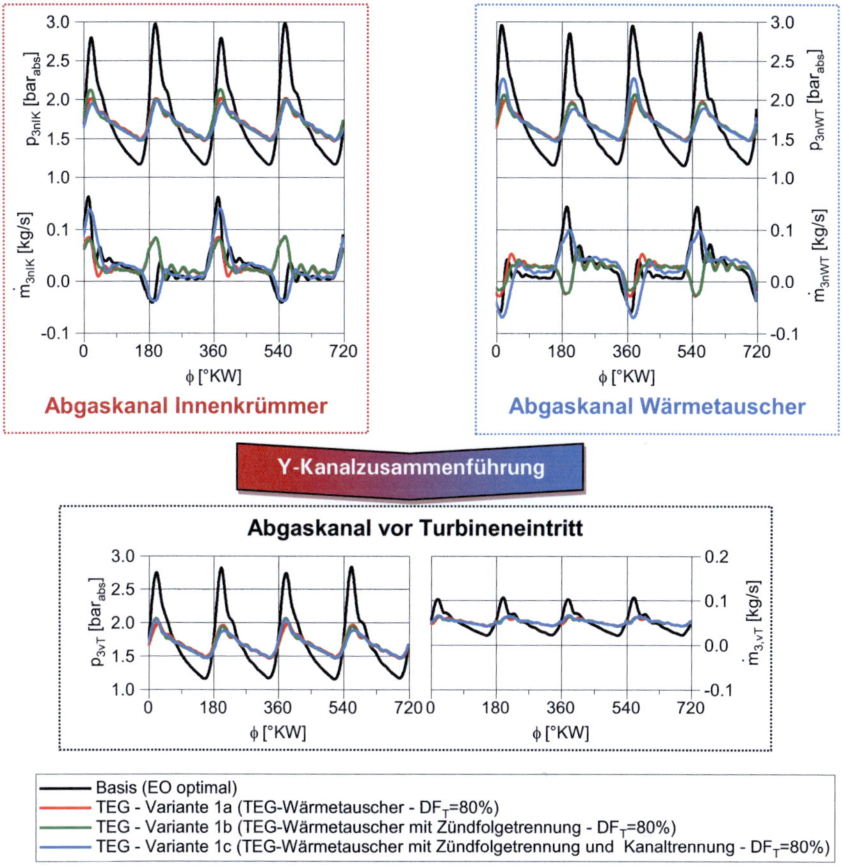

Abb. 33: Überströmverhalten bei einer Y-Kanalzusammenführung (1800 min^{-1} Volllast, sim.)

Dafür lassen sich zwei wesentliche Ursachen benennen: Zum einen werden zur Stoßaufladung notwendigen Druckimpulse durch das deutlich vergrößerte Abgasvolumen vor Turbine und die dichte Rippenstruktur im Abgaswärmetauscher gedämpft. Eine Zündfolgetrennung im Wärmetauscher hat somit keinen relevanten Einfluss.

Zum anderen zeigt eine Analyse der Auslassmassenströme während der Ladungswechselphase (Abb. 33), dass unabhängig von Zündfolge- und Kanaltrennung ein deutliches Überströmen zwischen Wärmetauscher- und Krümmerkanal stattfindet. Ladungswechsel und Aufladung werden somit wesentlich verschlechtert.

6.2 Kanalführung mit Twin-Auslassverfahren und Monoscrolllader

Eine weitere Möglichkeit zur Kombination von motornaher Rekuperation und einem Monoscrolllader, ist die parallele Anordnung eines Krümmer-Turbolader-Moduls und dem TEG-Abgaswärmetauscher. Die Kanalführung wird von Rautenberg [Rau90] und Habermann [Hab05] als Twin-Auslassverfahren bezeichnet und ermöglicht bei einer Auslassventilöffnungsdauer von 180°KW und entsprechender Anpassung der Auslassventil- und Kanalquerschnitte eine dem Serienmotor gleichwertige Stoßaufladung ohne Kanalübersprechen.

Der wesentliche Vorteil des Twin-Auslassverfahrens ist die Möglichkeit zur Regelung des Abgasdruckes vor Turbine ohne Wastegate. Bei zu hohem Abgasdruck öffnen stattdessen zusätzlich diejenigen Auslassventile, die über den Abgaswärmetauscher einen Bypass zur Turbine herstellen. Für eine ausreichend hohe Regelgüte ist dafür ein asynchron vollvariabler Auslassventiltrieb erforderlich.

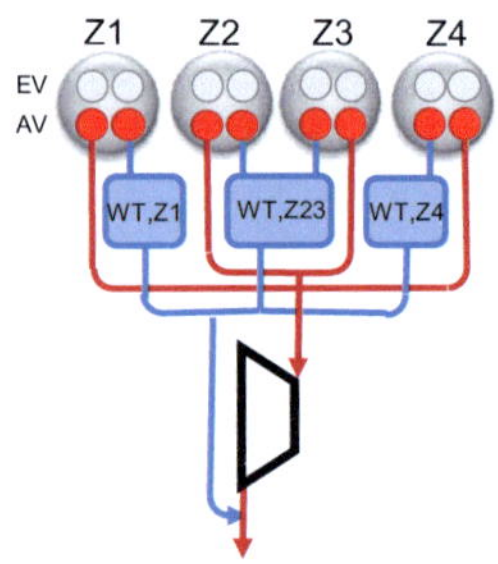

Abb. 34: Abgaskanalführung mit Twin-Auslassverfahren und Monoscrolllader

Nachteilig an dieser Kanalführung ist ihre vollständige Separation der verfügbaren Abgasenthalpie auf Abgasturboaufladung und TEG-Abgaswärmetauscher. Eine thermoelektrische Rekuperation ist somit erst bei hoher Last und Motordrehzahl möglich, wobei dann nur ein Anteil des Exergiestromes genutzt wird. Weiterhin kann der Abgaswärmetauscher nur den thermischen Bauteilschutz des Katalysators verbessern, da das Abgas vor Turbine nicht direkt gekühlt wird.

Da ein wesentliches Ziel der Arbeit die Darstellung einer signifikanten Abgasenergierekuperation im kundenrelevanten unteren Teillastbereich verfolgt, wird diese Art der Kanalführung nicht weiter betrachtet.

6.3 Abgaskanalführung mit Twinscrolllader

6.3.1 Einsatz eines symmetrischen Turbinengehäuses (ASY > 90 Prozent)

Das zweiflutige Turbinengehäuse eines Twinscrollladers erlaubt eine Trennung der zugeführten Abgasmassenströme bis kurz vor das Turbinenrad. Durch einen sehr geringen Abstand zwischen Trennsteg und Laufschaufeln kann ein Übersprechen der Druckimpulse deutlich reduziert und die Effizienz der Stoßaufladung im Niedriglastbetrieb gesteigert werden. Allerdings beschränkt bisher der thermisch hochbelastete Trennsteg die maximal zulässige Abgastemperatur auf 980°C [Hei11].

Tab. 9: Varianten der Abgaskanalführung mit symmetrischem Twinscrolllader

<table>
<tr><td>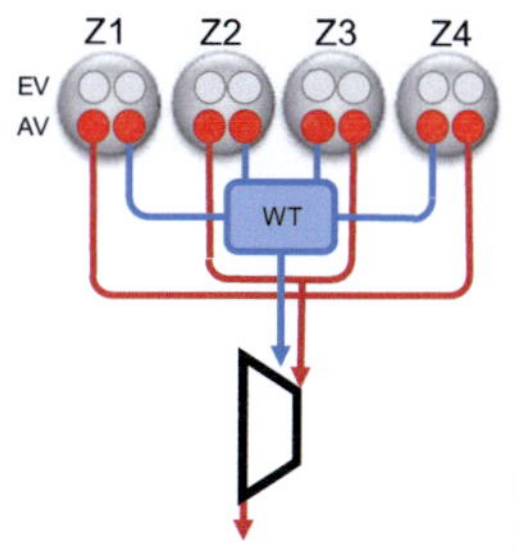
</td><td>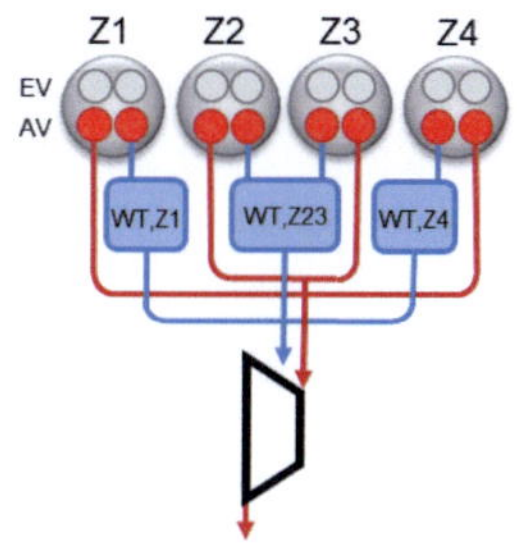
</td><td>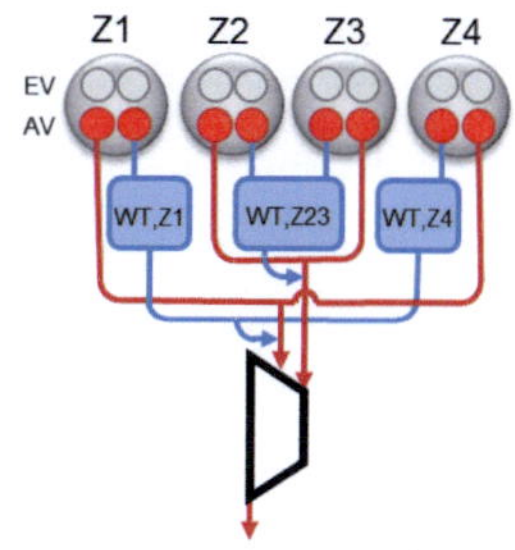
</td></tr>
<tr><td>Variante 2a</td><td>Variante 2b</td><td>Variante 2c</td></tr>
<tr><td>TEG-Wärmetauscher</td><td>TEG-Wärmetauscher mit Zündfolgetrennung</td><td>TEG-Wärmetauscher mit Zündfolgetrennung und Kanaltrennung</td></tr>
</table>

In Tabelle 9 sind drei mögliche Varianten der Kanalführung von Krümmer und Wärmetauscher in Kombination mit einer symmetrisch beaufschlagten Twinscrollturbine dargestellt. Bei Variante 2a wird das Abgas parallel durch Zündfolgekrümmer und Abgaswärmetauscher zu den beiden Turbinenfluten geführt. Durch die Integration zusätzlicher Trennbleche kann eine Zündfolgetrennung auch im Wärmetauscher erreicht werden (Variante 2b). Infolge der unterschiedlichen Abgastemperaturen und Volumenströme, muss deshalb vor allem an der Trennsteg des Twinscrollladers mit hohen thermischen Belastungen gerechnet werden. Weiterhin kann bei beiden Varianten durch die Flutenzuordnung von Innenkrümmer- und Abgaswärmetauscherkanal positiver Einfluss auf die thermische Belastung der Turbinenkomponenten genommen werden. Beispielsweise minimiert eine verdichterseitige Zuführung des gekühlten Abgases die Wandwärmeverluste zum Lagergehäuse und kühlt Hitzeschild und Turbinenrad bei Volllastbetrieb.

Die einseitige Abkühlung des Abgases führt allerdings auch zu unterschiedlichen Temperaturen und Durchsätzen an beiden Turbineneintritten. Dadurch ergibt sich in Abhängigkeit von der im Wärmetauscher abgeführten Wärme eine asymmetrische Beaufschlagung der Turbine. Bei einem Twinscrolllader mit symmetrischer Flutentrennung ist der Turbinenwirkungsgrad allerdings deutlich von der Gleichbeaufschlagung beider Fluten abhängig [Sch08a]. Weist die Turbine durch ihre konstruktive Auslegung hingegen eine leichte Asymmetrie auf, so kann trotz Abgaswärmetauscher eine gleichmäßigere Beaufschlagung des Turbinenrades erreicht werden. In Abbildung 35 sind für verschiedene Motorbetriebspunkte: 50 km/h, 130 km/h und Nennleistungspunkt (6200 min^{-1} Volllast), der aus der einseitigen Abgaskühlung resultierende Asymmetriefaktor ASY in Abhängigkeit von der Wärmeabfuhr $\dot{Q}_{KM,KMWT}$ im TEG-Kühlmittelwärmetauscher dargestellt. Messungen und CFD-Simulation zeigen, dass die TEG-Wärmetauschereffizienz im Teillastbereich maximal 60 Prozent beträgt und bei Nennleistung auf unter 20 Prozent absinkt. Daraus ergibt sich theoretisch ein für die Gleichbeaufschlagung der Turbine optimaler Asymmetriefaktor ASY von 80 bis 93 Prozent. Der für die Messungen verwendete Twinscrolllader weist einen Asymmetriefaktor von 93 Prozent auf. Er ist somit ideal für eine gleichmäßige Beaufschlagung der Turbine im Nennleistungspunkt ausgelegt.

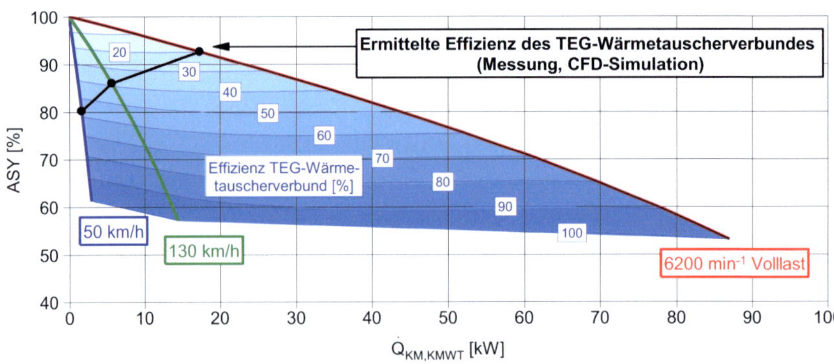

Abb. 35: Optimaler Asymmetriefaktor als Funktion von TEG-WT-Effizienz und Betriebspunkt

Der wesentliche Vorteil von Variante 2c liegt im bestmöglichen Bauteilschutz für die Turbine infolge einer gleichmäßigen Abgaskühlung vor beiden Fluten. Durch eine vollständige Zündfolge- und Kanaltrennung, wird das gekühlte und ungekühlte Abgas von Zylinder 1 und 4 sowie von Zylinder 2 und 3 separat gemischt und auf den jeweiligen Turbineneintritt geführt. Nachteilig an dieser komplexen Kanalführung sind die ungünstige Beeinflussung des Ladungswechsels und die starke Dämpfung der Druckimpulse durch das Übersprechen zwischen den Innenkrümmer- und Wärmetauscherkanälen. Die dabei vorherrschende Gasdynamik ist vergleichbar mit den in Kapitel 6.1 vorgestellten Kanalführungsvarianten mit Monoscrolllader.
Ein Volllastvergleich mit Twinscrolllader zeigt, dass alle drei Varianten grundsätzlich besser als die bisher untersuchten Abgaskanalführungen mit Monoscrolllader (Abb. 32) sind. Allerdings weisen sie nach wie vor ein niedrigeres Low-end-torque als der serienmäßige Basismotor mit Monoscrolllader auf (Abb. 36). Signifikante Verbesserungen durch eine Zündfolge- oder Kanaltrennung werden nicht erreicht. Stattdessen führt die zusätzliche Trennwand bei Variante 2b und 2c zu etwas höheren Ladungswechselverlusten bei großen Durchsätzen. Infolge des steigenden Abgasgegendruckes am Wärmetauschereintritt wird bei synchronen Auslassventilsteuerzeiten ein größerer Anteil des Abgasmassenstromes ungekühlt über den Innenkrümmer geführt. Die höheren thermischen Belastungen am krümmerseitigen Turbineneintritt erfordern somit wiederum eine höhere Kraftstoffanreicherung zum Bauteilschutz ($T_{3vT,max}$=980°C). Zusätzlich steigt die Ungleichbeaufschlagung der Fluten, so dass sich die Turbineneffizienz vor allem bei Variante 2c verschlechtert (Abb. 36).
Damit der Verbrennungsmotor mit Twinscrolllader und Abgaswärmetauscher das gleiche Low-end-torque wie der Basismotor mit Monoscrolllader erreicht, muss er unter gleichen thermodynamischen Randbedingungen (Liefergrad, Luftaufwand, Abgasgegendruck, etc.) den identischen Ladedruck aufbauen. Bei strikter Zündfolgetrennung erreicht ein Twinscrolllader normalerweise durch bessere Ausnutzung der Druckpulsationen bereits bei deutlich niedrigeren Motordrehzahlen einen höheren Ladedruck als ein Monoscrolllader. Allerdings führen die Abgaskühlung durch den Wärmetauscher und die Pulsationsdämpfung durch dessen Berippung auch bei strikter Zündfolgetrennung zu einer zu niedrigen Turbinenleistung. Diese Nachteile können durch eine Verkleinerung der Turbine teilweise kompensiert werden. Das stärke-

re Aufstauen bei geringen Durchsätzen erzielt ein hohes Turbinendruckverhältnis mit entsprechend besserem Turbinenwirkungsgrad.

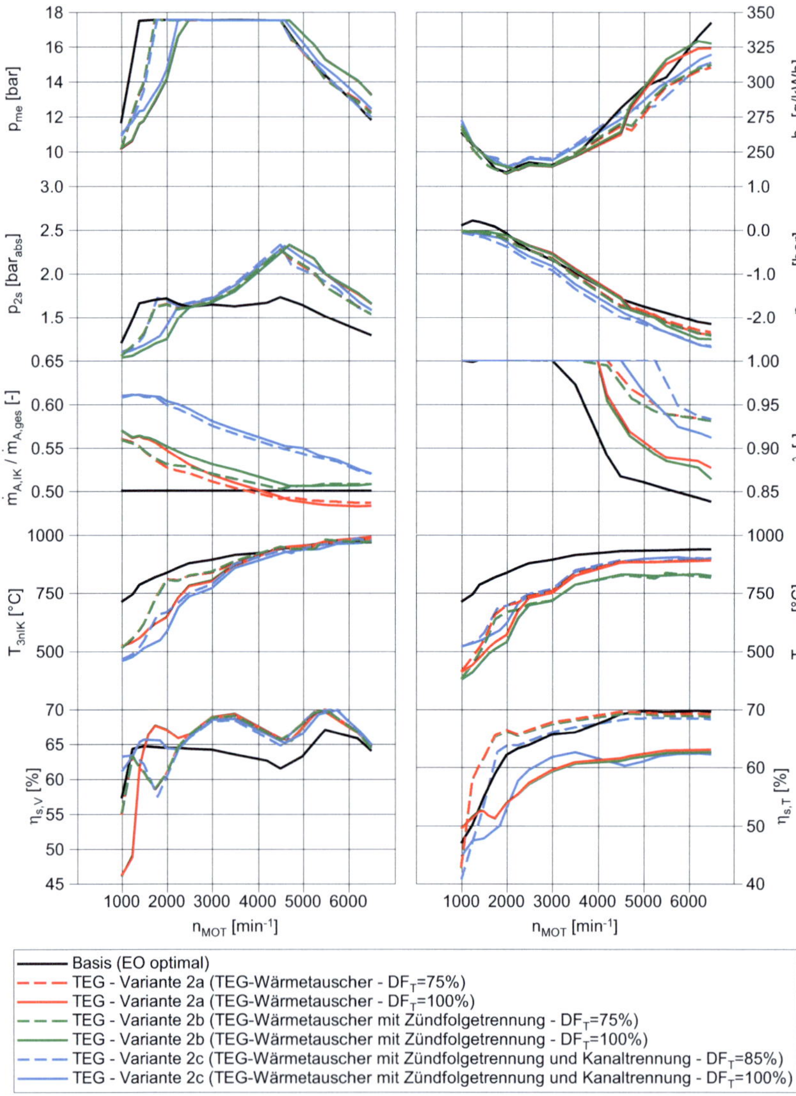

Abb. 36: Volllastkennwerte einer Abgaskanalführung mit symmetrischem Twinscrolllader (sim.)

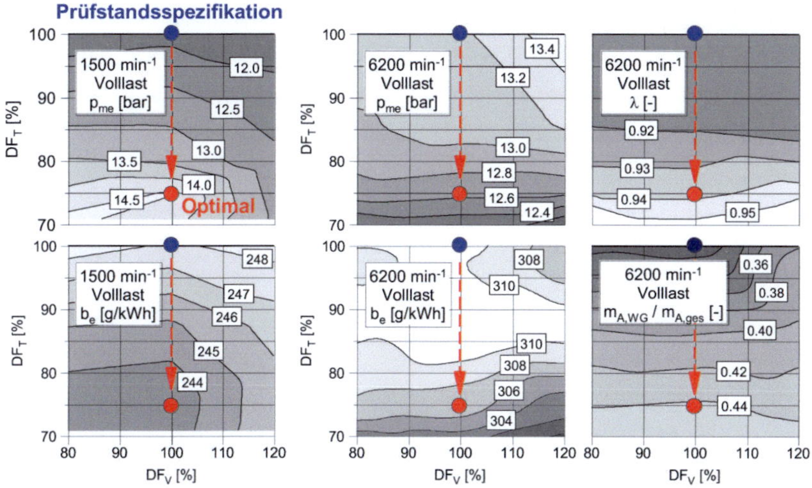

Abb. 37: Variation des Durchsatzfaktors DF (Variante 2a, $T_{3vT,max}$=950°C, $p_{3,max}$=2,8 $bar_{abs.}$, sim.)

Abbildung 37 zeigt, dass beispielsweise eine Verkleinerung der Turbine auf 75 Prozent des Durchsatzfaktors der Prüfstandspezifikation (Kapitel 4.2.3), ein deutlich höheres Low-end-torque erzielen würde. Trotzdem kann mit der kleineren Twinscrollturbine die gleiche Nennleistung wie mit der serienmäßigen Monoscrollturbine erreicht werden. Ursache dafür ist die Absenkung der Abgastemperatur und Anhebung der Dichte im Wärmetauscher durch die Abgaskühlung. Der damit einhergehende Abfall des Abgasgegendruckes führt dazu, dass bei Volllast ein größerer Anteil des Abgasmassenstromes über den Wärmetauscher geleitet wird. Das große Leitungsvolumen und die pulsationsdämpfende Berippung verringern die durchsatzreduzierenden Druckspitzen am Turbinenrad. Durch diese forcierte Stauaufladung kann gegenüber dem Monoscrolllader mit Stoßaufladung ein größerer Abgasanteil durch die Turbine geleitet und zum Ladedruckaufbau genutzt werden.

6.3.2 Einsatz eines asymmetrischen Turbinengehäuses (ASY < 90 Prozent)

Die einseitige Zumischung des gekühlten Abgases in einen der beiden zylinderselektiv getrennten Krümmerkanäle, ist eine weitere Möglichkeit der Abgaskanalführung vor einem Twinscrolllader (Tab. 10). Diese Variante führt sowohl ohne (Variante 3a) als auch mit Zündfolgetrennung im Wärmetauscher (Variante 3b) zu einer deutlichen Ungleichbeaufschlagung der Turbine. Ein entsprechend angepasstes asymmetrisches Turbinengehäuse kann die dafür erforderlichen Durchsatzkennwerte zwar für bestimmte Betriebspunkte aufweisen, allerdings nimmt mit zunehmender Asymmetrie der Turbinenwirkungsgrad deutlich ab. Der Aufladewirkungsgrad liegt somit in weiten Betriebsbereichen des Motors deutlich niedriger als der des Monoscrollladers.

Tab. 10: Varianten der Abgaskanalführung mit asymmetrischem Twinscrolllader

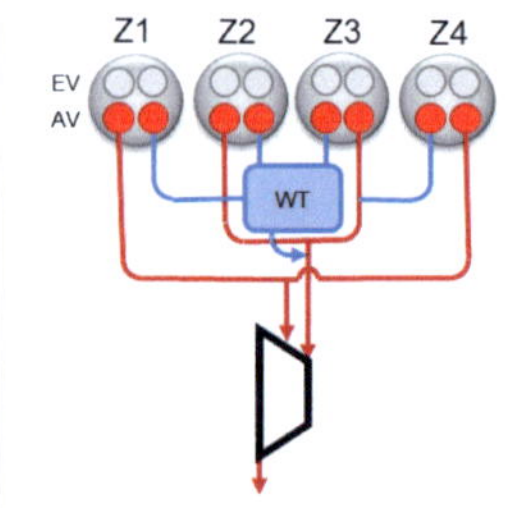	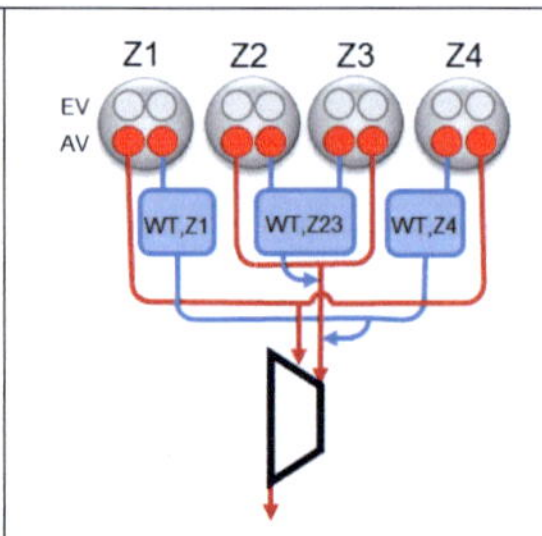	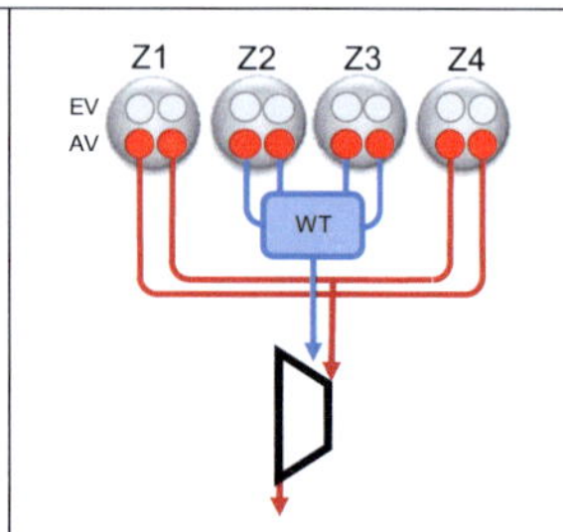
Variante 3a	**Variante 3b**	**Variante 3c**
Auslasskanalselektive Asymmetrische Zumischung	*Asymmetrische Zumischung mit Zündfolgetrennung und Kanaltrennung*	*Zylinderselektive asymmetrische Turbinenbeaufschlagung*

Bei einer zylinderselektiven Kanalführung nach Variante 3c führen die unterschiedlichen Krümmer- bzw. Wärmetauschervolumina zu unterschiedlichen Expansionsverhältnissen und Abgasgegendrücken. Das führt zu einem ungleichmäßigen Ladungswechselverhalten der einzelnen Zylinder. Infolge der unterschiedlichen Restgasmengen ist ohne einen entsprechend hohen konstruktiven und regelungstechnischen Aufwand kein effizienter Verbrennungsprozess für den gesamten Betriebsbereich des Motors zu erwarten. Eine Möglichkeit zur Abschaltung der Abgaskühlung während der Motorwarmlaufphase ist im Gegensatz zu allen anderen Kanalführungen mit Twinscrolllader für einen Vierzylindermotor nicht möglich.

6.4 Fazit und Optimierungsansatz

Zur Gewährleistung geringer Ladungswechselverluste und einer effizienten Abgasrekuperation zeigen die bisherigen Untersuchungen, dass im Volllastbetrieb eine maximale Durchströmung von Innenkrümmer und Abgaswärmetauscher erforderlich ist. Im Bereich des Low-end-torque weisen alle untersuchten Kanalführungen deutliche Defizite gegenüber der Basisvariante auf. Weitere Nachteile sind beim Motorwarmlauf (Light-off-Dauer) und im Responseverhalten zu erwarten.

Ein asynchron variabler Auslassventiltrieb[1] mit der Möglichkeit zur Beeinflussung der Abgasenthalpieverteilung kann beim Kaltstart, im Niedriglastbetrieb und beim Lastsprung die Wärmetauscherdurchströmung reduzieren und somit negative Rückwirkungen auf das Gesamtsystem mindern. Weiterhin bietet eine variable Wärmetauscherdurchströmung eine zusätzliche Notlauffunktion, wenn beispielsweise das Kühlsystem überlastet ist und der Wärmeeintrag vom Abgaswärmetauscher möglichst ohne Rückwirkungen auf den Verbrennungsprozess reduziert werden muss. Einlassseitig gehören variable Ventiltriebsysteme mit unterschiedlichster Komplexität bereits zur Standardausrüstung bei Ottomotoren [Due02, Pis02]. Sie dienen im Wesentlichen zur Regulierung der Ladungsbewegung, des Restgasanteils und zur Ladungsmengenregelung (Entdrosselung). Im Folgenden sind die bisher serienmäßig eingesetzten Verstellmöglichkeiten einer variablen Ventilsteuerung aufgeführt:

- variable Steuerzeiten
- variabler maximaler Ventilhub
- variable Ventilöffnungsdauer
- variabler Ventilhubverlauf bzw. variables Ventilhubprofil
- Ventilabschaltung

Alle genannten Variabilitäten sind bei entsprechender Systemkomplexität kombinierbar. Bei Bedarf können die ein-, mehrstufig oder vollvariablen Verstellmöglichkeiten an einem Mehrventilmotor entweder synchron für alle oder asynchron für einzelne Ein- bzw. Auslassventile verwendet werden. Das Aufbringen der erforderlichen Ventilhubkraft erfolgt entweder durch mechanische, pneumatische, hydraulische oder elektromagnetische, elektromechanische und elektrohydraulische Steller [Hac95, Ber09]. Je nach Wirkprinzip und Aufbau sind den Ventilhubverläufen physikalische Grenzen gesetzt: maximal zulässige Ventilhubbeschleunigung, Flächenpressung und maximale Aufsetzgeschwindigkeit. Des Weiteren gelten Anforderungen bezüglich des Eigenenergiebedarfs, der Systemkomplexität, zulässiger Toleranzen, Ausfallsicherheit, Kosten sowie der Integrierbarkeit in den Zylinderkopf.

[1] Ventiltrieb ermöglicht die Veränderung der Ventilhubcharakteristik (z.B. Ventilhubprofil) des zweiten Auslassventils gegenüber dem ersten Auslassventil eines Zylinders

Wesentliche Herausforderung eines kontinuierlichen oder diskontinuierlichen variablen Ventilhubes ist die für den Schaltvorgang zur Verfügung stehende, extrem kurze Zeitspanne. Die kontinuierliche mechanische Verstellung einzelner Ventile ist zudem konstruktiv sehr aufwändig. Eine Alternative bieten kraftschlüssige Varianten mit ein- oder zwei diskreten Stufen zur Veränderung des Nocken- bzw. Ventilhubprofiles einzelner oder aller Ventile eines Zylinders [Wur08]. Eine Sonderstellung der Ventiltriebvariabilität hat die vollständige Deaktivierung von Ventilen. Sie dient bisher vor allem zur Zylinderabschaltung im Niedriglastbetrieb, um in den restlichen Zylindern die Verbrennung durch Lastpunktverschiebung effizienter zu gestalten und die Ladungswechselarbeit der deaktivierten Zylinder einzusparen. Die Abschaltung erfolgte in bisherigen Serienanwendungen überwiegend synchron für alle Ein- oder Auslassventile [Due02, Hon11]. Eine asynchrone Ventilabschaltung zur Ladungswechseloptimierung kam beispielsweise bei Honda zum Serieneinsatz [Hac95].

6.4.1 Untersuchte Varianten einer asynchronen Auslassventilsteuerung

Theoretisch lässt die vollständige Abschaltung der Auslassventile des Wärmetauschers den größten Einfluss auf Volllastverhalten und Elastizität erwarten. Einerseits reduziert die Abschaltung des Wärmetauschervolumens den Wärmeeintrag in das Kühlmittel. Es steigt dadurch die verwertbare Abgasenthalpie vor Turbine und die Dauer bis zum Erreichen der Light-off-Temperatur des Katalysators wird minimiert. Andererseits führt eine Deaktivierung der wärmetauscherseitigen Auslassventile zu einer ungestörten Stoßaufladung über den Innenkrümmer. Die Verdopplung des Massenstromes durch die krümmerseitige Turbinenflut führt aufgrund der unveränderten Drosselwirkung am Turbineneintritt zu einem deutlichen Aufstauen des Abgases im Krümmer und somit zu einem Anstieg des Druckgefälles über der Turbine. Dies bewirkt einen Anstieg des isentropen Turbinenwirkungsgrades und der effektiven Turbinenleistung gegenüber der ursprünglich symmetrischen Beaufschlagung durch gleichzeitige Innenkrümmer- und Wärmetauscherdurchströmung.

Umfangreiche Untersuchungen zur Kombination von Twinscrolllader und einer einsowie beidseitigen Auslassventilabschaltung wurden für einen direkteinspritzenden Ottomotor bereits 2007 von General Motors vorgestellt [Dah07]. Durch den Einsatz einer kleineren Turbine und eines verlängerten Trennsteges mit geringen Überströmverlusten konnte ein höheres Low-end-torque erreicht werden. Die bei den Untersuchungen aufgeführten Nachteile der asynchronen Abschaltung der Auslassventile treffen grundsätzlich auch für den in dieser Arbeit verwendeten Versuchsträger zu. Dazu gehören beispielsweise ein deutlicher Anstieg der Ladungswechselarbeit im mittleren Teillastbereich und die signifikante Verschlechterung des Wirkungsgrades einer einseitig beaufschlagten Twinscrollturbine. Um diese negativen Einflüsse zu minimieren, werden zusätzlich zur Ventilabschaltung drei weitere asynchrone Steuertriebvariabilitäten der wärmetauscherseitigen Auslassventile untersucht:

Tab. 11: Varianten einer asynchronen Variabilität des wärmetauscherseitigen Auslassventils

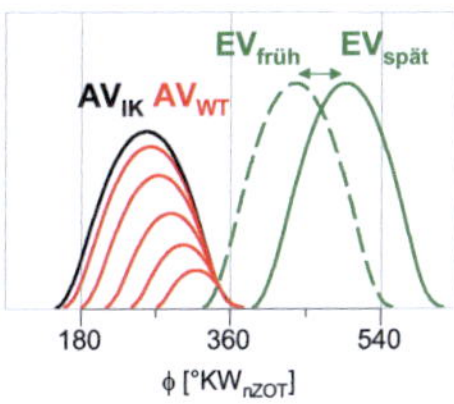	**Variante SAO (Spätes Auslass-öffnet)** *System:* Asynchrone Nockenkonturumschaltung mit variabler Hubkurve und variablem Öffnungsbeginn Stellbereich: Dauer Auslassventilöffnung $AD_{AV,WT}=180_{Basis}..60°KW_{1mm-1mm}$ *Wirkprinzip:* Minimierung Vorauslassstoß über TEG-WT *Schaltzeit:* 1 Arbeitsspiel *Konstruktive Umsetzung:* [Pie00]
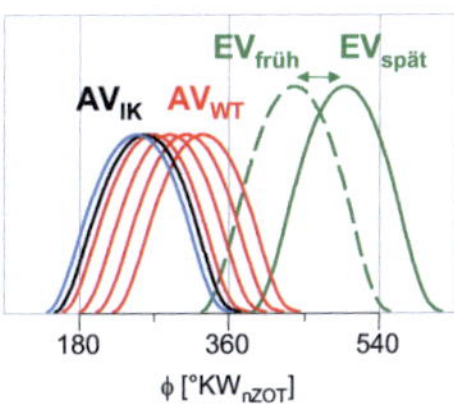	**Variante VAS (Variables Auslass-schließt)** *System:* Asynchroner Phasensteller oder Nockenkonturumschaltung mit variablem Öffnungswinkel Stellbereich: Zeitpunkt Auslass-schließt $AS_{AV,WT}=340..350_{Basis}..420°KW_{nZOT,1mm}$ *Wirkprinzip:* Minimierung Vorauslassstoß über TEG-WT *Schaltzeit:* 100°KW/s *Konstruktive Umsetzung:* [Sch08c, Wie09]
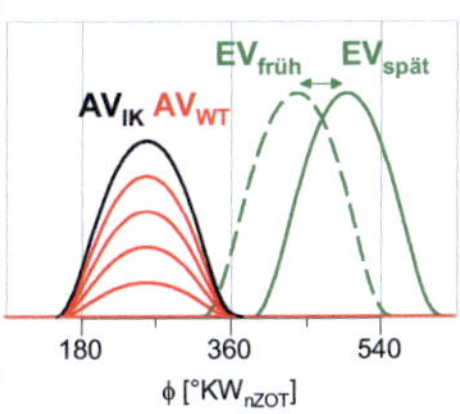	**Variante RAH (Reduzierter Auslassventilhub)** *System:* Asynchrone Nockenkonturumschaltung mit variabler Hubkurve inklusive Ventilabschaltung Stellbereich: Relative Reduzierung maximaler Auslassventilhub $h_{AV,WT}=100_{Basis}..0$ % *Wirkprinzip:* Minimierung Abgasmassenstrom über TEG-WT *Schaltzeit:* 1 Arbeitsspiel *Konstruktive Umsetzung:* [Hat93, Hof04, Mar09]

Theoretisch können alle in dieser Arbeit untersuchten Varianten der asynchronen Auslassventilsteuerung über einen einzigen elektromagnetischen oder elektrohydraulischen Ventiltrieb dargestellt werden. Diese Systeme bieten den größten Freiheitsgrad bei der Gestaltung von asynchronen Ventilerhebungskurven. Trotz der Vorteile basieren alle durchgeführten Simulationsrechnungen und Untersuchungen ausschließlich auf bereits konstruktiv umgesetzten elektromechanischen Ventiltrieben. Im Gegensatz zu elektromagnetischen oder elektrohydraulischen Ventiltrieben ermöglichen sie eine mehrstufige oder vollvariable Ventilsteuerung zu erwartungsgemäß deutlich niedrigeren Systemkosten und mit wesentlich geringerer Komplexität.

6.4.2 Alternativen zur asynchronen Auslassventilsteuerung

Eine reduzierte Wärmetauscherdurchströmung sowie eine Ungleichbeaufschlagung der Twinscrollturbine zur Verbesserung der Motorperformance, kann unabhängig von einer asynchronen Auslassventilsteuerung auch über die zwei folgenden Maßnahmen erreicht werden:

<u>Zusätzliches geregeltes Auslassventil</u>

Eine geregelte Abgaszuführung vom Brennraum in den TEG-Wärmetauscher ist theoretisch auch über ein zusätzliches Auslassventil im Brennraum möglich. Eine ladungswechselunabhängige Ansteuerung wäre über einen elektromagnetischen Steuertrieb denkbar [Bue11]. Synergieeffekte eines zusätzlichen Auslassventiles sind beispielsweise eine betriebspunktabhängige Ladungswechselbeeinflussung und eine Ladedruckregelung ohne Wastegate [Rau90]. Allerdings ist die Integration eines weiteren Ventils in den Zylinderkopf des direkteinspritzenden Versuchsträgers nicht möglich, da bereits zwei Einlass-, zwei Auslassventile, der zugehörige Steuertrieb, sowie Kühlwassermantel, Injektor und Zündkerze, den zur Verfügung stehenden Bauraum bereits vollständig ausnutzen.

<u>Twinscrolllader mit variabler Schieber-Turbine</u>

Eine weitere Alternative zur asynchronen Auslassventilsteuerung bietet der Einsatz einer variablen Schieber-Turbine [Rei10]. Durch eine verschiebbare Regelhülse kann bei Bedarf die Abgasflut des wärmetauscherseitigen Kanals direkt vor dem Turbinenrad verschlossen werden. Wesentlicher Vorteil gegenüber einer asynchronen Ventilabschaltung ist dabei ein deutlich geringeres Übersprechen zwischen abgasbeaufschlagter und abgeschalteter Turbinenflut.

Entscheidende Nachteile sind jedoch zum einen ihre aufwändige und thermisch hochbelastete Mechanik. Zum anderen wird bei geschlossenem Schieber das Abgasvolumen des Wärmetauschers nach wie vor über die wärmetauscherseitigen Auslassventile befüllt und entleert. Umfangreiche Motorprozesssimulationen zeigen, dass dieser verlustbehaftete Prozess die Ladungswechselarbeit und die Zylinderspülung signifikant verschlechtert. Weiterhin verhindert die permanente Gasbewegung im Wärmetauscher eine aktive Kühlsystementlastung sowie das schnelle Erreichen der Light-off-Temperatur nach einem Motorkaltstart.

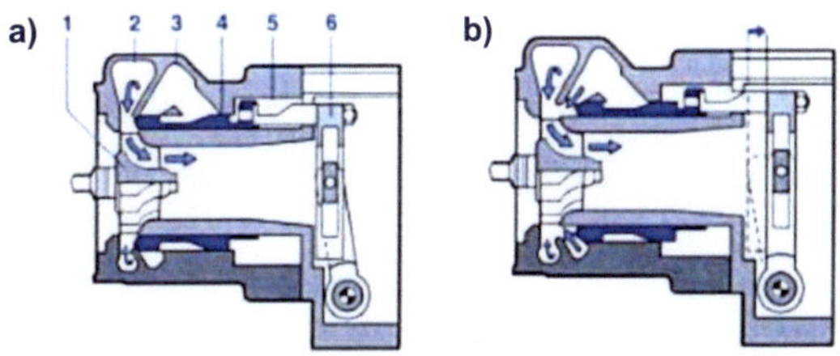

a Nur ein Strömungskanal offen
b Beide Strömungskanäle offen
1 Abgasturbine
2 Strömungskanal 1
3 Strömungskanal 2
4 Regelschieber
5 Bypasskanal
6 Verstellgabel

Abb. 38: Variable Schieber-Turbine mit offener (a) und geschlossener Flut (b) [Rei10]

7 Komponentenauslegung und konstruktive Umsetzung

Die Ergebnisse der durchgeführten Motorprozesssimulationen dienen als Basis für die folgende Auslegung und Konstruktion eines prototypischen TEG-Wärmetauscherverbundes. Als Abgaskanalführung werden die Varianten 2a und 2b mit symmetrischem Twinscrolllader favorisiert, da beide das höchste Low-end-torque erreichen und das größte Potenzial in Verbindung mit einer asynchronen Auslassventilsteuerung erwarten lassen. Die komplexe Interaktion aller konstruktiven Parameter, sowohl auf die Effizienz des TEG-Wärmetauschers als auch auf das Verhalten sämtlicher gekoppelter Prozesse und Systeme, bedingt eine iterative Entwicklungskette, die schematisch in Abbildung 39 dargestellt ist.

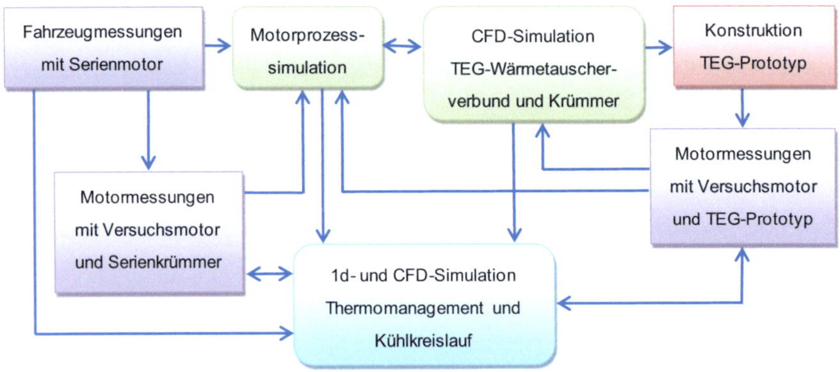

Abb. 39: Entwicklungskette des TEG-Wärmetauscherverbundes

7.1 Grundkonstruktion Abgaskanalführung

Die Fertigung thermoelektrischer Module ist sehr komplex, aufwändig und kostenintensiv. Alle bisher in großer Stückzahl produzierten Module weisen deshalb eine universell einsetzbare plane Oberfläche auf. Die Fertigung gekrümmter Module, deren Geometrie etwa an die Oberfläche eines Abgaskanales optimal angepasst werden kann, ist vorerst nicht absehbar und wird daher in dieser Arbeit nicht weiter verfolgt. Zudem legt die „fluchtende" Anordnung der Auslasskanäle eines Vierzylindermotors ebenfalls eine plane Moduloberfläche nahe. Unter Berücksichtigung der konstruktiven Randbedingungen (Bauraumangebot, vordefinierte Anschlusspunkte, etc.) erfolgt eine konstruktive Umsetzung der favorisierten Abgaskanalführungen durch eine zweischalige Krümmer-Wärmetauscherverbund-Kombination. Dessen Aufbau entspricht in etwa dem eines luftspaltisolierten Abgaskrümmers. Während der innere Abgaskanal (Innenkrümmer) auslasskanalselektiv die Hälfte des Abgases aller vier Zylinder kompakt zusammenführt, fungiert die vom restlichen Abgas durchströmte plane Außenschale als Abgaswärmetauscher des TEG-Wärmetauscherverbundes.

7.1.1 Innenkrümmer

Eine Verwendung des sehr kompakten Gusskrümmers als Innenkrümmer ist nicht möglich. Eine genaue Prüfung ergab, dass durch seine vordefinierte Kanalgeometrie die konstruktive Auslegung des Abgaswärmetauschers deutlich eingeschränkt werden würde. Stattdessen erfolgte eine komplette Neuentwicklung des Innenkrümmers als gebaute Blechkonstruktion. Bei einer Großserienproduktion würde die Auslegung speziell für eine Fertigung in Rohr- oder Schalenbauweise per IHU-Verfahren (Innenhochdruckumformung oder Hydroforming) erfolgen [Hoe06]. Diese Metall-Umformtechnik ermöglicht engste Biegeradien, variable Kanalquerschnitte und kleinste Wandstärken (Abb. 40). Die dafür notwendigen Formmatritzen sind allerdings für einen Prototypen sehr aufwändig und kostenintensiv. Die Konstruktion basiert deshalb auf genormten Rohren und Rohrbögen.

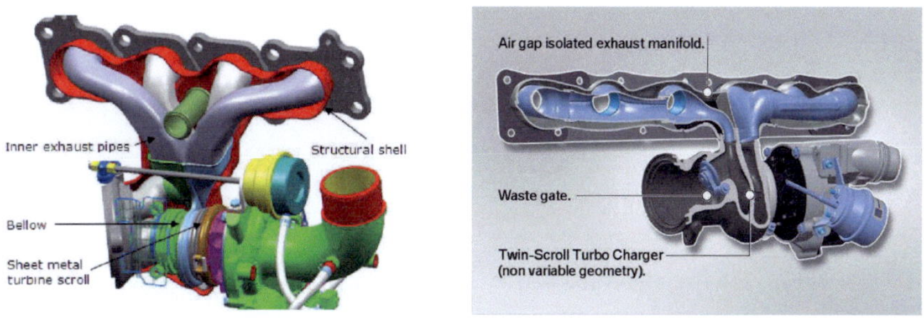

Abb. 40: Gebaute Otto-DI-Abgasanlage (ohne sichtbare Außenschale) [Bjoe10]

Der Fokus bei der Kanalauslegung des Innenkrümmers liegt auf niedrigen Strömungsverlusten und geringen Querschnittsänderungen zur Aufrechterhaltung der Gasdynamik. Konstruktive Einschränkungen ergeben sich aber aufgrund einer komplexen Geometrie, der Zusammenführung der vier Auslasskanäle auf einen Abgaskanal und der Verwendung genormter Bauteile. Zur Optimierung des Ladungswechsels wird in Anlehnung an den Serienkrümmer die Zündfolgetrennung bis kurz vor Turbineneintritt aufrechterhalten. Bis in den Zylinderkopf ragende Trennbleche unterbinden die serienmäßige Zusammenführung beider Auslasskanäle eines Zylinders (Abb. 41). Eine aufwändige Neukonstruktion des Zylinderkopfes mit getrennten Auslasskanälen ist somit für die Prüfstandsuntersuchungen nicht notwendig. Der Klemmflansch ist gefräst ausgeführt und mit dem Innenkrümmer verschweißt. Alle abgasführenden Bauteile sind aus einer warmfesten Nickelbasislegierung X15CrNiSI25-21 (1.4841) gefertigt. Dieser austenitische hochtemperaturfeste Stahl weist eine Zunder- bzw. Oxidationsbeständigkeit bis 1150°C auf [Thy07] und verhindert einen bauteilschädigenden Werkstoffabbrand[1] bei zyklischer Hochtemperaturbeanspruchung und Sauerstoffpräsenz (beispielsweise im Schubbetrieb).

Abb. 41: Serienkrümmer (li.), Innenkrümmer nach 3d-Konstruktion (mi.) und Prototyp (re.)

7.1.2 Außenschale des Abgaswärmetauschers

Für maximale Wärmeübertragung und geringe Druckverluste erfordert es eine sehr große Wärmetauscheroberfläche und eine Kanalführung ohne abrupte Querschnittsänderung oder Strömungsumlenkung. Wie beim Innenkrümmer ergeben sich auch für die Auslegung des Wärmetauschers konstruktive Einschränkungen. Im begrenzt verfügbaren Bauraum mit vordefinierten Anschlusspunkten zu Zylinderkopf und Turbolader, muss der Abgaswärmetauscher eine druckverlustarme Zusammenführung der einzelnen Auslasskanäle bis zum Turbineneintritt sicherstellen. Des Weiteren soll die plane Außenschale den dauerhaft hohen Druck- und Temperaturbelastungen vor Turbine standhalten und eine verformungsarme Oberfläche für die thermoelektri-

[1] Beim Werkstoffabbrand vor dem Turbolader besteht die Gefahr eines bauteilschädigenden Partikelschlages an Turbinenrad und Katalysator.

schen Module bieten. Eine Variation des Wärmetauschervolumens in der Motorprozesssimulation zeigt, dass erwartungsgemäß das maximal zulässige Wärmetauschervolumen den höchsten Wärmetauscherwirkungsgrad bei niedrigsten Druckverlusten aufweist.

Diese Randbedingungen erfordern in erster Näherung eine rechteckige Wärmetauscherhülle mit 90°-Strömungsumlenkung (Abb. 42/links). CFD-Berechnungen zeigen, dass der quaderförmige Aufbau die Gasströmung negativ beeinflusst. So werden beispielsweise die Abgasimpulse des Vorauslassstoßes von Zylinder 1 und 4 an der Stirnwand zurück in Richtung Auslasskanal reflektiert. Eine Abschrägung der Stirn- und Seitenwände lässt zwar eine deutliche Verbesserung der Strömungsführung zu, führt aber im Gegenzug zum erhöhten Integrationsaufwand für TEG-Kühler und TEG-Verspannung (Version 2). Einen akzeptablen Kompromiss zwischen Abgasströmungsführung und Kühlerintegration stellt die Abschrägung der Stirnwand und der Unterseite des Wärmetauschers dar (Version 3).

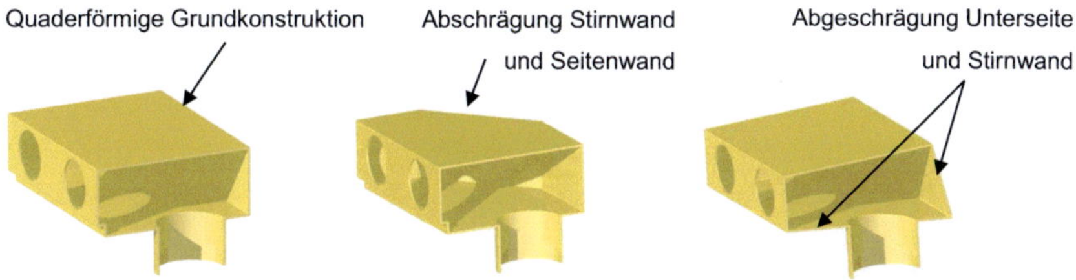

Abb. 42: Variation der Stirnwandgeometrie der Wärmetauscheraußenschale (Version 1 bis 3)

Der Wärmetauscher kann theoretisch nach denselben Herstellungsverfahren wie der Innenkrümmer gefertigt werden. Wiederum wird eine geschweißte Blechkonstruktion für die Außenschale des Prototypenwärmetauschers favorisiert, da eine Gusskonstruktion aus hochwarmfester Stahllegierung die Formgebung der abgasseitigen Oberflächenstruktur (Berippung) deutlich einschränkt.

An dieser Stelle ist bei der Konstruktion der Außenschale zu entscheiden, ob die Kanalführung im Abgaswärmetauscher mit oder ohne Zündfolgetrennung umgesetzt werden soll (Abb. 43). Umfangreiche FEM-Simulationen transienter Aufheiz- und Abkühlvorgänge liefern dazu eine Entscheidungsgrundlage. Infolge der zeitlich und örtlich unterschiedlichen Temperaturverteilung ergeben sich differierende Wärmeausdehnungen in den Krümmer- und Wärmetauscherkomponenten. Beim Abgaswärmetauscher mit Zündfolgetrennung (Abgaskanalführung Variante 2b) zeigt sich, dass durch die Materialanhäufung im Kontaktbereich von Innenkrümmer und Trennblech mit sehr hohen thermischen Belastungen und bauteilkritischen Spannungen gerechnet werden muss. Weiterhin fördert das Trennblech die Wärmeleitung vom Innenkrümmer zur Außenschale des Wärmetauschers, was eine deutlich inhomogenere Oberflächentemperaturverteilung für die thermoelektrischen Module bedingt.

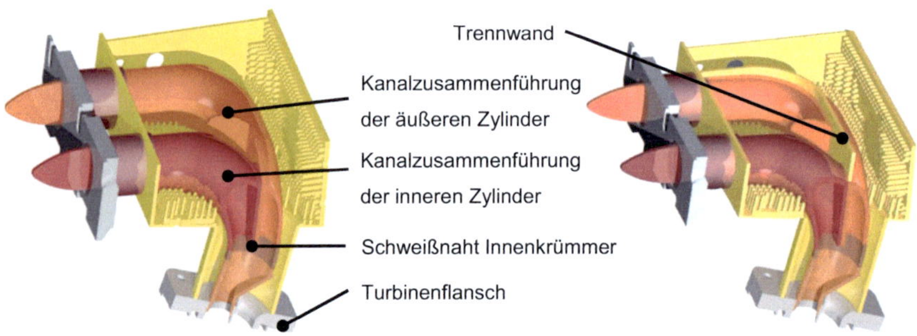

Abb. 43: Wärmetauscher ohne (Variante 2a, li.) und mit Zündfolgetrennung (Variante 2b, re.)

Auf Basis dieser Erkenntnisse wird auf die Integration eines zusätzlichen Trennbleches verzichtet und der Prototyp nach der Abgaskanalführungsvariante 2a gefertigt. Zur Reduzierung kritischer Bauteilspannungen werden die zwei Komponenten des Innenkrümmers (beide Kanalzusammenführungen der jeweils inneren und äußeren Zylinder) nur im Bereich der Zusammenführung miteinander verschweißt.

7.1.3 Kanalzusammenführung und Anschluss am Abgasturbolader

Konventionelle luftspaltisolierte Abgaskrümmer bestehen aus einer gasdicht verschweißten Außen- und einer schwimmend eingelagerten Innenschale. Ein TEG-Wärmetauscher benötigt hingegen zur Vermeidung von Druck- und Pulsationsverlusten auch zwischen Wärmetauscher und Innenkrümmer eine weitestgehend gasdichte Trennung. Um Spannungsrisse infolge unterschiedlicher thermischer Ausdehnung von Wärmetauscher und Innenkrümmer vorzubeugen, wird der Krümmer-Turbolader-Flansch mit der Außenschale verschweißt. Der Innenkrümmer steckt als Schiebehülse mit einem Axialspiel von drei Millimetern im Krümmer-Turbolader-Flansch.

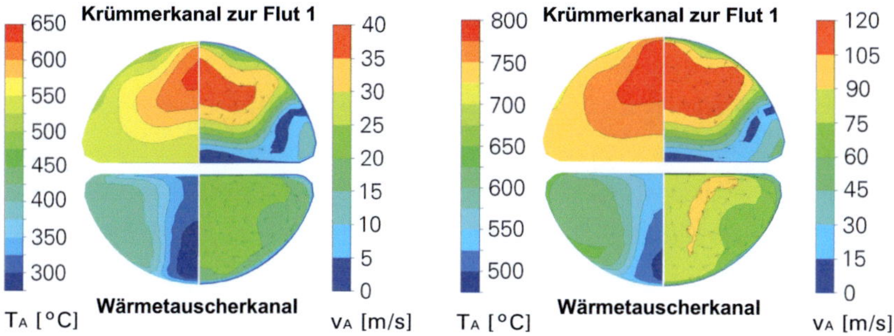

Abb. 44: Geschwindigkeit und Temperatur vor Turbine - 2000min^{-1} 3 bar (li.) und VL (re.) (sim.)

Zur Gewährleistung einer relativ homogenen und druckverlustfreien Anströmung der Turbinenfluten wird die Strömungsführung am Übergang von Innenkrümmer und Wärmetauscher zum jeweiligen Turbineneintritt optimiert [Koe11]. Abbildung 44 zeigt für einen Teil- und einen Volllastpunkt bei n_{MOT}=2000 min^{-1} die Temperatur- und Geschwindigkeitsverteilung der Abgasströme in beiden Kanälen.

Die Flutenzuordnung der Abgaskanäle von Innenkrümmer und Wärmetauscher hat wegen der leichten Asymmetrie des Twinscrollladers nicht nur Einfluss auf die thermische Belastung der Turbine (Kapitel 6.3.1), sondern wirkt sich auch auf dessen Effizienz aus. Im Gegensatz zur verdichterseitigen Flut 1 erreicht die kleinere Flut 2 bei einseitiger Beaufschlagung und geringen Durchsätzen einen etwas niedrigeren Turbinenwirkungsgrad (Abb. 17). Das deutlich stärkere Aufstauverhalten der kleineren Flut 2 bei hohen Lastpunkten spielt dabei eine untergeordnete Rolle. Ausgehend davon, dass das geforderte Low-end-torque nur durch eine deutliche Ungleichbeaufschlagung bei gleichzeitig hohem Turbinenwirkungsgrad erreicht werden kann, wird der Innenkrümmer an die verdichterseitige Flut 1 angeschlossen. Eine geringere Kühlwirkung des Hitzeschildes im Volllastbetrieb wird somit zugunsten eines tendenziell besseren Turbinenwirkungsgrades in Kauf genommen.

7.2 Wärmetauscherverbund

Der Wärmetauscherverbund besteht aus einem Abgas- und mehreren Kühlmittelwärmetauschern sowie den dazwischen positionierten thermoelektrischen Modulen. Zu den typischen Anforderungen an eine Wärmetauscherkonstruktion gehören hohe Wärmeübertragungseffizienz, minimaler Bauraumbedarf, niedriges Gewicht sowie ein geringer Druckverlust. Beim TEG-Wärmetauscherverbund kommen hohe Formstabilität, Austauschbarkeit der thermoelektrischen Module und Wirtschaftlichkeit (niedrige Fertigungs- und Wartungskosten, geringe Ablagerungs- bzw. Versottungsneigung) hinzu. Wesentliche Herausforderung bei einem Gaswärmetauscher ist die Anhebung des Wärmeübertragungsfaktors vom Gas zur Wand ohne einen übermäßigen Anstieg der Druckverluste. Eine konstruktive Umsetzung kann mittels oberflächenvergrößernder Strukturen (Rippen, Finnen, etc.), Turbulenzerzeuger und dem Einsatz von Materialien mit hoher Wärmeleitfähigkeit [Ber98] erfolgen. Die Beeinflussung der Wärmeübertragung im Verbund ist unter anderem von folgenden Faktoren abhängig:

- Strömungsführung der Medien im Wärmetauscher (Umlenkungen, etc.)
- Strömungsführung der Medien zueinander (Quer,- Längs- Kreuzstrom)
- Geometrie, Material und Anordnung der oberflächenvergrößernden Strukturen
- Geometrie und Material des Wärmetauschers (Wandrauigkeit, Wärmeleitung)

Im Folgenden wird die Auslegung aller Komponenten des Wärmetauscherverbundes und die Optimierung der Wärmeübergänge am thermoelektrischen Modul vorgestellt.

7.2.1 Abgasseitige Wärmeübertragung

In Abhängigkeit von Material und Herstellungsverfahren der Außenschale des Wärmetauschers eignen sich unterschiedliche Strukturen zur Oberflächenvergrößerung:

Tab. 12: Möglichkeiten zur Vergrößerung der Wärmetauscheroberfläche

Herstellungsverfahren Außenschale	Herstellungsverfahren Berippung	Fertigungs-aufwand	Effizienz der Wärmeübertragung
Gegossen	Gegossene Rippen	gering	gut
	Gefräste/erodierte Rippen	sehr hoch	sehr gut
	Geschweißte Rippen	hoch	gut
	Geschweißte Stehbolzen	hoch	gut
Gebaut	Geschweißte Rippen	hoch	gut
	Geschweißte Stehbolzen	hoch	gut
Spanend gefertigt	Gefräste Rippen	sehr hoch	sehr gut
	Geschweißte Rippen	hoch	gut
	Geschweißte Stehbolzen	hoch	gut

Ergänzend zu den in Tabelle 12 aufgeführten, geometrisch definierten Rippenstrukturen (z.B. Rechteck- oder Nadelrippen), wird vor allem bei gegossenen Wärmetauschern zunehmend die Verwendung von offenporigen Metallschäumen zur Oberflächenvergrößerung untersucht [Deg02, Ban01]. Das Potenzial katalytisch beschichteter hochtemperaturfester Metallschäume (Werkstoff 1.4841, 1.4848, 1.4828) im Abgaskrümmer eines Saug-Ottomotors wird beispielsweise von Musiol [Mus06] analysiert. Alle Veröffentlichungen zeigen jedoch, dass trotz der vergrößerten Oberfläche keine verbesserte Wärmeübertragung zur Wand erzielt wird. Ursache dafür ist die geringe spezifische Wärmeleitfähigkeit des Metallschaumes (λ<1,0 W/mK). Zur Gewährleistung einer hohen Wärmeübertragung wird in dieser Arbeit eine konventionelle Rippenstruktur mit definierter Geometrie verwendet.

Rippengeometrie

Kriterien für die optimale Form, Dimensionierung und Anordnung einer Rippenstruktur sind neben Oberflächenwirkungsgrad η_o (Anhang 11.2) und Druckverlust auch die Strömungsverteilung im Niedriglastbetrieb sowie die Temperaturhomogenität an der Oberfläche der Außenschale. Vor allem in den beiden letzten Punkten weisen für den in dieser Arbeit konstruierten Abgaswärmetauscher, Nadelrippen gegenüber Finnenstrukturen deutliche Vorteile auf. Eine CFD-Analyse verschiedener oberflächenvergrößernder Strukturen zeigt, dass bei der vorliegenden Abgaskanalführung eine verbesserte Wärmeübertragung durch Finnen nicht erreicht werden kann. Durch die gerichtete Strömungsführung zwischen den Finnen erfolgt keine gleichmäßige Verteilung des Abgases im Wärmetauscher. Dies impliziert inhomogene Wandwärmeströme und stark differierende Oberflächentemperaturen der Außenschale.

Für die Ermittlung einer optimalen Rippengeometrie wurden eindimensionale Berechnungen an einer quer angeströmten berippten Oberfläche mit variabler Rippenhöhe, -dicke und -abstand durchgeführt [Els85, Yan07]. Es erfolgte eine Variation sowohl von Strömungsgeschwindigkeit und Eintrittstemperatur der Medien (Abgas, Kühlmittel) als auch vom absoluten Wärmewiderstand des Wärmetauscherverbundes. Die Untersuchungen ergaben, dass eine Rippenbasis von 2 mal 2 Millimetern und der für spanende Fertigung zulässige Rippenmindestabstand von 3 Millimetern, den besten Kompromiss zwischen Oberflächenwirkungsgrad und Druckverlust erzielt.

Rippenanordnung

Abbildung 45 zeigt den Einfluss von vier verschiedenen Rippenanordnungen auf die Temperaturverteilung an der Außenseite eines per CFD-Simulation berechneten Referenzwärmeübertragers. Dieser besteht aus einem einseitig mit Nadelrippen bestückten Rechteckrohr. Der Einströmbereich entspricht dem Übergang von einem durch ein Trennblech aufgeteilten Auslasskanal eines äußeren Zylinders in den Abgaswärmetauscher. Die Nadelrippen weisen die oben aufgeführte Basisdimension von 2 mal 2 Millimetern und einen Rippenabstand von 3 Millimetern auf. Die Rippenhöhe beträgt 20 Millimeter. Die thermodynamischen Randbedingungen entsprechen einem Volllastbetrieb bei 2200 min^{-1}. Unter der Prämisse einer guten Strömungsverteilung und einer homogenen Oberflächentemperatur $T_{WT,H,m}$ an der Außenseite des Abgaswärmetauschers, wäre nach diesem Vergleich entweder eine versetzte, um 0° gedrehte oder eine kolinare, um 45° gedrehte Anordnung zu favorisieren.

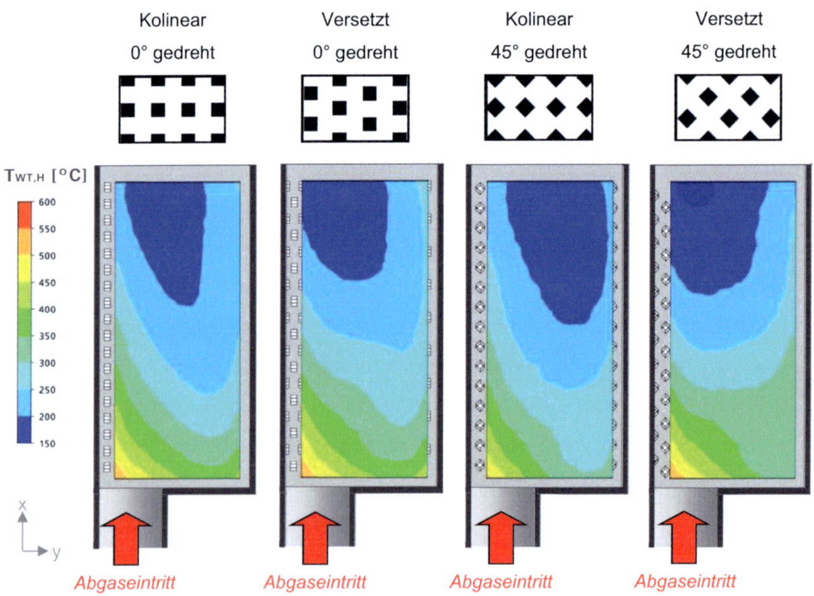

Abb. 45: Einfluss der Rippenanordnung auf WT-Oberflächentemperatur (2200 min^{-1} VL, sim.)

In Abbildung 46 werden weiterhin die Wärmetauschereffizienz (Absenkung der mittleren Abgastemperatur $\Delta T_{A,m}$) und der Druckverlust Δp_A aller vier Rippenanordnungen gegenübergestellt. In Anbetracht des vergleichsweise sehr geringen Abgasgegendruckes und einer nur geringfügig niedrigeren mittleren Oberflächentemperatur $T_{WT,H,m}$, ist nach dieser Analyse eine versetzte und um 45° gedrehte Anordnung optimal. Es zeigt sich, dass sich ein Unterschied zwischen den Anordnungen erst bei hohen Lastpunkten ergibt. Der Fertigungsaufwand dieser Variante ist aber unverhältnismäßig hoch, da die Berippung nur sehr aufwändig mit spanenden Verfahren zu realisieren ist. Als bester Kompromiss zwischen effektiver und homogener Wärmeübertragung, niedrigem Druckverlust sowie akzeptablem Fertigungsaufwand wird eine kolineare, um 0° gedrehte Rippenanordnung gewählt.

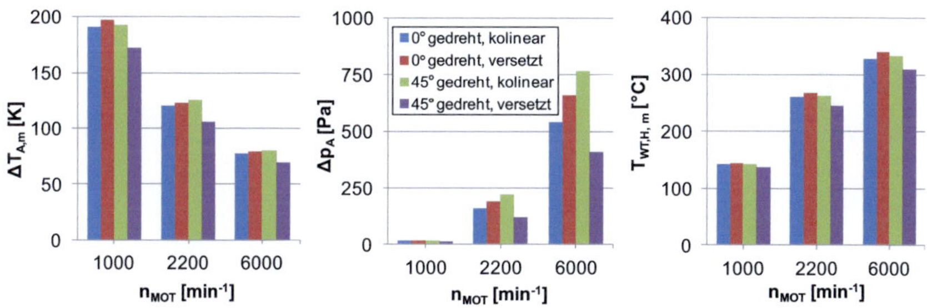

Abb. 46: Variation der Rippenanordnung im Referenzwärmeübertrager – Volllastpunkte (sim.)

Rippenlänge

Sowohl eine ein- als auch dreidimensionale Analyse der Rippenwirkungsgrade verschiedener Rippengeometrien, Anordnungen und Lastpunkte zeigt, dass aufgrund der geringen Wärmeleitfähigkeit hochtemperaturfester Werkstoffe eine Rippenlänge größer 18 Millimeter keine wesentlichen Vorteile bei der Wärmeübertragung bietet. Die minimale Rippenlänge ergibt sich durch das maximal zulässige Aufstauverhalten. Besonders kritisch für den Druckverlust des Wärmetauschers ist vor allem der bauraumbedingt niedrige Abstand zwischen Innenkrümmer und Wärmetauscherwand. Dabei ist zusätzlich zu beachten, dass aufgrund der unterschiedlichen thermischen Verhältnisse der Innenkrümmer gegenüber dem gekühlten Abgaswärmetauscher eine deutlich größere thermische Ausdehnungen aufweist. Kombinierte CFD-FEM-Simulationen zeigen, dass zur Vermeidung von Verformungen und Bauteilschäden vor allem während der Warmlaufphase und im Volllastbetrieb ein Mindestabstand von drei Millimetern zwischen Innenkrümmer und Berippung erforderlich ist. Dieser

Spalt führt allerdings bei niedrigen Abgasvolumenströmen aufgrund des geringeren Strömungswiderstandes zu einer ungünstigen Strömungsverteilung und damit zu Verlusten bei der Wärmeübertragung. Eine geeignete Rippenanordnung und Rippengeometrie im Einströmbereich des Wärmetauschers beeinflusst dieses ungünstige Strömungsverhalten positiv. Um letztendlich eine relativ konstante Wandtemperatur bei gegebener inhomogener Strömung im Bereich der Umlenkung an der Wärmetauscherstirnwand zu erzielen, bedarf es einer optimal angepassten Rippenlänge. In Abbildung 47 ist die Temperaturverteilung im Wärmetauscherverbund bei konstanter (links) und optimierter Rippenlänge (rechts) gegenübergestellt.

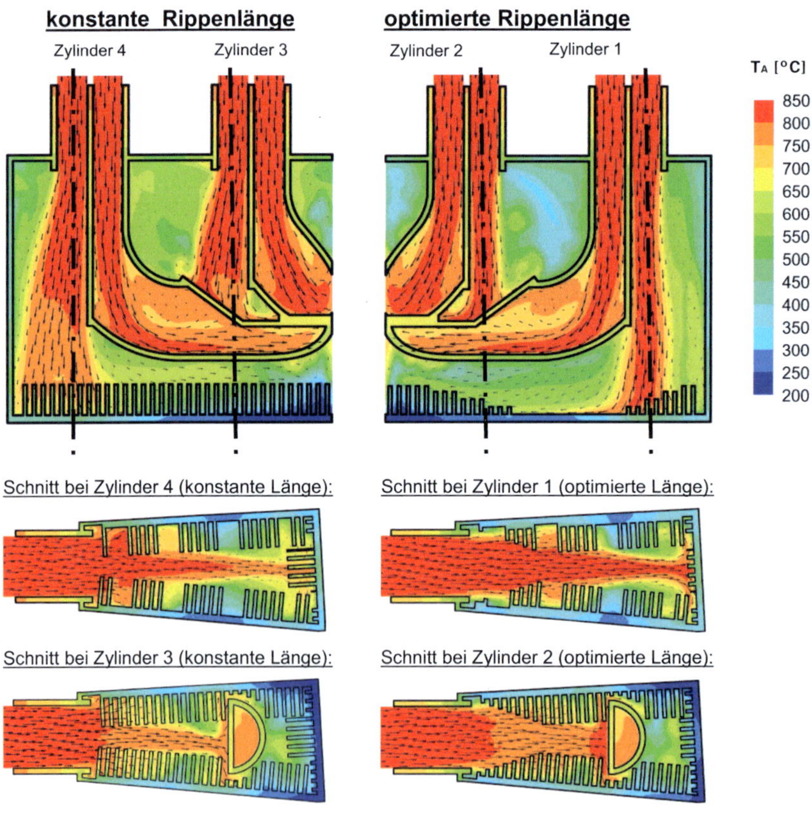

Abb. 47: Einfluss der Rippenlänge auf Temperatur- und Strömungsverteilung (130 km/h, sim.)

Wesentliches Ziel einer Rippenlängenoptimierung ist eine homogene, hohe Wärmeübertragung sowohl im Teil- als auch Volllastbetrieb bei gleichzeitig niedrigen Strömungsverlusten [Koe11a]. Abbildung 48 stellt die Temperaturverteilung an der Modulheißseite von Ausgangsversion mit konstanter Rippenlänge (links) und CFD-optimierter, konstruktiv umgesetzter Rippenlänge (rechts) gegenüber. Es zeigt sich, dass durch die Optimierung sowohl extreme Temperaturspitzen als auch Temperaturschwankungen auf den einzelnen Moduloberflächen gedämpft werden.

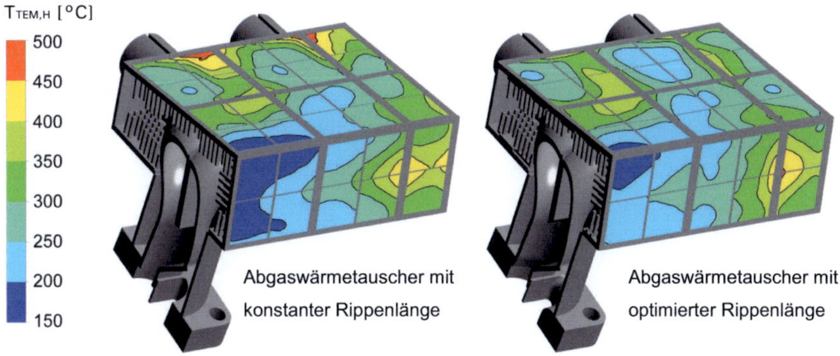

Abb. 48: Einfluss der Rippenlänge auf die Modulheißseitentemperatur (130 km/h, sim.)

Materialoberfläche

Der Wärmeeintrag in den Wärmetauscherverbund erfolgt im Wesentlichen über Konvektion vom Abgas und Wärmeleitung vom Innenkrümmer. Ein weiterer Energieeintrag entsteht durch Wärmestrahlung von der heißen Krümmer- zur gekühlten Wärmetauscheroberfläche. Im Betriebspunkt 130 km/h und bei einem Emissionsgrad der abgasführenden Oberflächen von $\varepsilon=1$ beträgt der Anteil des Innenkrümmers $\dot{Q}_{WS,IK}$ am Gesamtwärmestrom durch den Wärmetauscherverbund etwa 18 Prozent. Wird dieser optimale Emissionsgrad beispielsweise fertigungsbedingt oder durch eine spezielle Oberflächenbehandlung der Berippung (Antifouling) nicht erreicht, so reduzieren sich der Gesamtwärmeeintrag in den TEG-Kühler um maximal 13 Prozent und die thermoelektrisch generierte Leistung um 11 Prozent (Abb. 49).

Eine katalytische Beschichtung der Wärmetauscheroberfläche könnte theoretisch Partikelanlagerungen im Abgaswärmetauscher verhindern oder zur unterstützenden Abgasnachbehandlung [Mus06, Bru11] eingesetzt werden. Für eine exergetische Reaktion, die sich deutlich auf den Wärmeeintrag auswirkt, bedarf es aber entsprechend hoher Rohemissionen und einer ausreichend dicken oder porösen katalytischen Beschichtung. Die zusätzliche Schicht wirkt sich allerdings auch negativ auf den Abgaswärmetauscher aus. Einerseits führen die kleineren Strömungsquerschnitte zu höheren Druckverlusten und entsprechend schlechterer Motorperformance. Andererseits reduziert die thermisch isolierende Wirkung des katalytischen Materials die natürliche Wärmeleitung vom Abgas zu den thermischen Modulen. Eine Folge davon wäre die deutlich schlechtere Kühlung des Abgases im Volllastbetrieb.

Alle aufgeführten Nachteile verschlechtern die in dieser Arbeit angestrebten Synergieeffekte einer motornahen Abgasenergierekuperation (Kapitel 5.1). Aus diesem Grund wird auf eine katalytische Beschichtung des Wärmetauschers verzichtet.

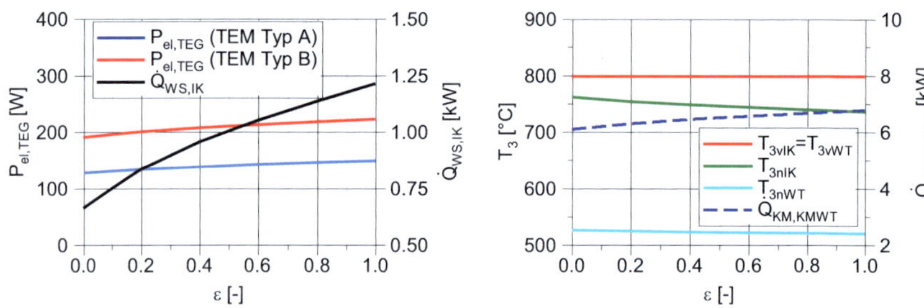

Abb. 49: Variation des Emissionsgrades der abgasführenden Oberflächen (130 km/h, sim.)

7.2.2 Thermoelektrische Generatoren

Das thermodynamische Verhalten und somit auch der konstruktive Aufbau des Wärmetauscherverbundes werden wesentlich von den Eigenschaften der thermoelektrischen Module bestimmt. Materialwahl, Dimension und Aufbau (z.B. segmentiert, kaskadiert, gekapselt) definieren sowohl die maximal zulässige Heißseitentemperatur als auch den absoluten Wärmewiderstand $R_{th,TEM}$ des Moduls.

In Abhängigkeit von Modulposition, Wärmetauschereffizienz, Kühlsystemeffizienz, Kühlmitteltemperatur und thermischen Eigenschaften der verwendeten Materialien ist im Volllastbetrieb ($T_{3,max} \geq 950°C$) an der Modulheißseite mit einer maximalen Temperatur von etwa 600°C bis 800°C zu rechnen. Unter diesen Bedingungen scheiden bereits eine Vielzahl an thermoelektrischen Halbleitermaterialien sowie bekannter Verbindungstechniken zwischen Halbleiterschenkeln und Bordnetzanbindung aus. Hinzu kommt, dass der überwiegende Teil der thermoelektrischen Materialien bei höheren Temperaturen oxidiert. Aus diesem Grund müssen sie luftdicht oder mit einem Inertgas in Edelstahlfolien verschweißt werden. Diese zusätzlichen Schichten erhöhen allerdings den Wärmewiderstand des Moduls und verringern so die Effizienz des TEG-Wärmetauschers.

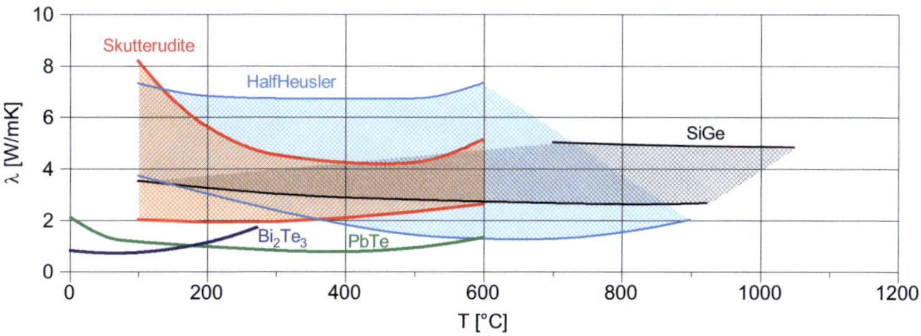

Abb. 50: Spezifische Wärmeleitfähigkeit thermoelektrischer Materialien [Sny08]

Die temperaturabhängige spezifische Wärmeleitfähigkeit λ hochtemperaturfester Materialien (Abb. 50) liegt zwischen 0,1 und 10 W/mK [Fle97, Ono06, Sny08]. Aufgrund der thermoelektrischen Eigenschaften und des Produktionsverfahrens weisen alle publizierten planen Halbleitermodule zum Erreichen einer signifikanten elektrischen Leistung, eine Dicke von 3 bis 10 Millimeter auf [Jae11]. Die thermischen und geometrischen Eigenschaften der in dieser Arbeit verwendeten Referenzmodule liegen innerhalb dieses Spektrums (Tab. 4).

In Abbildung 51 (links) ist der Einfluss des absoluten Wärmewiderstandes $R_{th,TEM}$ auf die Abgas- und Heißseitentemperatur der Module sowie den Wärmestrom vom Abgas in das Kühlmittel dargestellt. Ausgehend von dem in dieser Arbeit als Basis angenommenen absoluten Wärmewiderstand von 1,9 K/W (λ_{TEM}=1,6 W/mK, d_{TEM}=3mm) ergibt sich im Betriebspunkt 130 km/h eine maximale Modulheißseitentemperatur von 430°C. Aufgrund des eingeschränkten Wärmeüberganges vom Abgas zur Wärmetauscherwand, hat die Kühlwirkung des Kühlers einen deutlich höheren Einfluss auf die Temperaturverteilung im Wärmetauscherverbund. Wird spezifische Wärmeleitfähigkeit des Moduls beispielsweise durch einen Materialwechsel angehoben, sinkt nicht nur die Kalt-, sondern auch die Heißseitentemperatur. Infolge der zunehmenden Temperaturdifferenz zwischen Abgas und Wärmetauscherwand steigen auch die Wärmetauschereffizienz und der ins Kühlmittel abgeführte Wärmestrom. Aufgrund der sinkenden Temperaturdifferenz über dem Modul, nimmt allerdings dessen thermoelektrische generierte Leistung tendenziell ab. Die maximale Temperaturdifferenz am Modul liegt für den untersuchten TEG-Wärmetauscherverbund bei $R_{th,TEM}$=3 K/W vor.

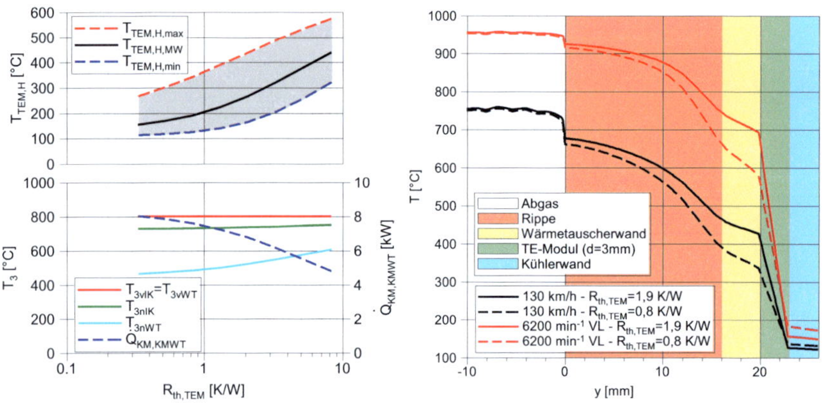

Abb. 51: Variation von $R_{th,TEM}$ bei 130 km/h (li.) und Einfluss auf Temperaturverlauf im WT (re.)

Abbildung 51 (rechts) zeigt in einem Schnitt durch den Wärmetauscherverbund den Verlauf der Bauteiltemperatur an der heißesten Rippe im Betriebspunkt 130 km/h und bei Nennleistung (6200 min^{-1} Volllast). Die maximale Heißseitentemperatur bei $R_{th,TEM}$=1,9 K/W beträgt etwa 430°C bzw. 700°C. Eine Beschränkung der maximal beim Motorbetrieb auftretenden Modultemperatur auf 600°C wäre beim untersuchten Wärmetauscherverbund durch eine um Faktor 2,3 höhere spezifische Wärmeleitfähigkeit bzw. geringeren absoluten Wärmewiderstand $R_{th,TEM}$=0,8 K/W erreichbar. Bei einer solchen Anpassung muss beachtet werden, dass nicht nur im Nennleistungs- sondern auch im Teillastbetrieb ein geringerer Wärmewiderstand die thermoelektrische Leistung mindert.

7.2.3 Kühlerseitige Wärmetauscherstruktur

Der Kühlmittelwärmetauscher übernimmt auf der Modulkaltseite die Funktion der Wärmesenke. Bei der Auslegung finden die homogene Temperaturverteilung an der Wärmetauscheroberfläche sowie die ausreichende hohe Kühlwirkung bei niedrigem Kühlmittelvolumenstrom besondere Berücksichtigung. Zudem ist auf einen niedrigen Strömungsdruckverlust zu achten, da ansonsten die zusätzliche Förderleistung der TEG-Kühlmittelpumpe die Gesamtenergiebilanz der Rekuperation verschlechtert.

Eine Luftkühlung kommt aufgrund der erforderlichen Kühlleistung und des limitierten Bauraumes nicht in Frage. Flüssigkeitskühlungen bieten hingegen bereits bei niedrigen Strömungsgeschwindigkeiten des Kühlmediums eine sehr gute Wärmeabfuhr. In den folgenden beiden Tabellen sind vier mögliche Varianten zur TEG-Kühlung gegenübergestellt und bewertet, die theoretisch für einen Einsatz im Pkw in Frage kommen könnten.

Tab. 13: Bewertung Kühlsystemvarianten mit Phasenwechsel

<u>**Verdampfungskühlung mit Wasser-Glykol-Gemisch [Sch92]**</u>
+ hohe Kühlwirkung am Bauteil
+ selbständige Temperaturregelung durch eine druckabhängige Siedetemperatur
+ niedriger Kühlmittelvolumenstrombedarf bzw. geringe Pumpenantriebsleistung
- hohe Temperaturstabilität von Medium und Leitungen erforderlich
- sehr hohe Verdampfungstemperatur (>120°C)
<u>**Verdampfungskühlung mit organischen Medien (Dampfkreislauf) [Fro10]**</u>
+ hohe Kühlwirkung am Bauteil
+ selbständige Temperaturregelung durch druckabhängige Siedetemperatur
+ niedriger Kühlmittelvolumenstrombedarf bzw. Pumpenleistung
+ geringe Verdampfungstemperatur (<60°C)
+ mögliche Nutzung des verdampften Mediums für nachgeschalteten Dampfprozess
- hohe Systemeffizienz erfordert sehr hohe Systemdrücke (Überhitzung)
- hohe Systemkomplexität
- erfordert zusätzliches Medium, höchstes Mehrgewicht und größter Bauraumbedarf

Im direkten Vergleich bietet eine mit dem Motorkühlkreislauf gekoppelte Zwangsumlaufkühlung die meisten Vorteile. Das zu erwartende Temperaturniveau liegt beim betriebswarmen Motor, in Abhängigkeit vom Kühlkreisaufbau, zwischen 60°C und

110°C. Mit moderatem zusätzlichem Systemaufwand (TEG-Verschlauchung, TEG-Kühlmittelpumpe, TEG-Ventil, 2/3-Wegeventil, u.a.) lässt sich eine gute TEG-Kühlung bei gleichzeitiger Möglichkeit zur Warmlaufbeschleunigung erzielen.

Tab. 14: Bewertung Kühlsystemvarianten mit Zwangsumlaufkühlung

Zwangsumlaufkühlung mit Kältemittel [Vol09]
+ niedrigstes konstantes Temperaturniveau im Fahrzeug (circa 2°C) + Modulwirkungsgrad bis zu 1 Prozent höher als alternative Systeme (Temperaturniveau) - geringe Leistungszahl (maximal 2,5 und sinkt mit zunehmender Drehzahl) [Kub10] - hohe Wärmeeinträge nur begrenzt abführbar
Zwangsumlaufkühlung mit Kühlmittel
+ Nutzung eines konventionellen Wasser-Glykol-Gemisches möglich + hohe Wärmekapazität des Kühlmediums + Abwärmenutzung zur Warmlaufbeschleunigung bei Kopplung mit Pkw-Kühlkreislauf - geringe Langzeitstabilität des Mediums bei hoher Temperatur (>120°C)

Wärmetauscheranordnung

Die Effizienz eines Kühlers wird, neben Wärmeübergang an den Oberflächen und Wärmeleitung der einzelnen Schichten, maßgeblich durch die Verschaltung beider Medien (Kreuzstrom, Gegenstrom, Gleichstrom) bestimmt. Gegenstromwärmetauscher erreichen prinzipbedingt die höchste Effizienz. Die konstruktive Umsetzung am Wärmetauscherverbund ist jedoch unter anderem aufgrund der komplexen Wärme-

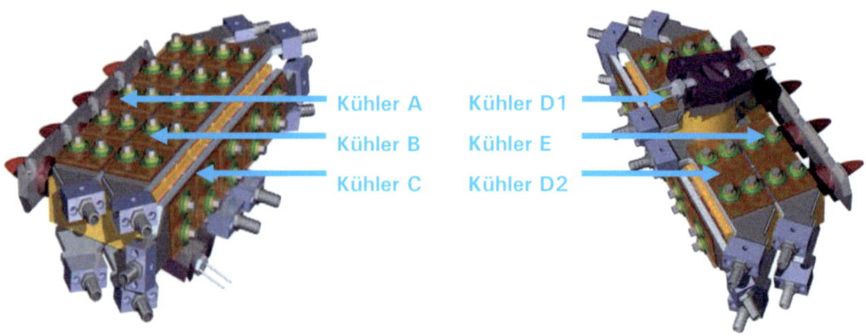

Abb. 52: Anordnung der Kühler auf Ober- und Stirn- (links) sowie TEG-WT-Unterseite (rechts)

tauschergeometrie, der verzweigten Abgasströmung und des eingeschränkten Bauraumes nicht möglich. Eine homogene Strömungsverteilung des Kühlmittels ist zudem nur mit einem erheblichen Verschlauchungsaufwand realisierbar.

Stattdessen stellt für diesen Einsatzfall eine Kreuzstromanordnung den besten Kompromiss aus Konstruktionsaufwand und Effizienz dar. Zur Vermeidung von Bauteilschäden durch unterschiedliche Wärmeausdehnung der miteinander verspannten Abgas- und Kühlmittelwärmetauscher sowie zur besseren Strömungsverteilung erfolgt eine Unterteilung auf fünf parallel durchströmte Kühler (Abb. 52).

Rippengeometrie

Kühlmittelwärmetauscher werden unter den vorgegebenen Randbedingungen (T_{max}=200°C, hohe Festigkeit) standardmäßig aus einer schweißbaren und kühlmittelresistenten Aluminiumlegierung gefertigt. Zur Verbesserung des Wärmeüberganges werden Turbulenzstrukturen (Rippen, Finnen) aufgelötet. Bewährt haben sich vor allem Lamellen mit Offset-Strip-Fin-Design. Ihr Vorteil liegt in der guten Strömungsverteilung und der Generierung von Mikrowirbeln im Bereich der Finnen. Diese Strömungsturbulenzen verbessern den Wärmeübergang gegenüber unstrukturierten Rippen deutlich [Sha83]. Beste Ergebnisse beim untersuchten Wärmeübertragung- und Druckverlust-Trade-Off erreichen Offset-Strip-Fin-Lamellen mit einer Finnenhöhe von h_F=5,4 mm und einer Materialdicke von d_F=0,2 mm. Durch eine optimierte Anordnung

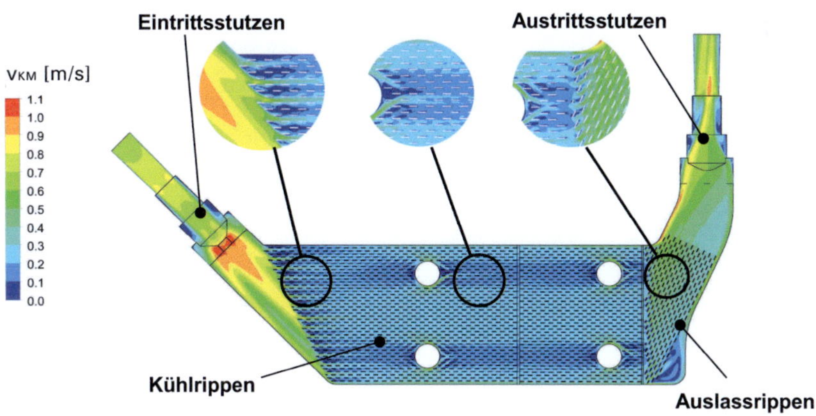

Abb. 53: Strömungsgeschwindigkeit im Kühler D1 ($\dot{V}_{KM}$=3 l/min, $T_{KM,KMWT,e}$=90°C) [Koe11a]

der Turbulenzbleche auf Basis umfangreicher CFD-Simulationen wird eine homogene Strömungsverteilung für alle Kühler erreicht [Koe11a].

Außenberippung Kühlmittelkühler

Mit Hilfe einer zusätzlichen Außenberippung der Kühler kann theoretisch ein Teil der TEG-Abwärme, ohne Belastung des Kühlsystems, direkt an die Umgebungsluft im Motorraum abgegeben werden. Fahrzeuguntersuchungen zeigen allerdings, dass bei quer eingebautem Verbrennungsmotor mit spritzwandseitiger Abgasführung selbst bei maximalem Lüfterbetrieb nur sehr geringe Luftgeschwindigkeiten im Bereich der TEG-Kühler zu erwarten sind. Weiterhin steigen bei hohen Motorlasten und Klimaanlagenbetrieb die Lufttemperaturen im Motorraum sehr schnell über 80°C. Die geringe Temperaturdifferenz zwischen TEG-Kühler und Umgebungsluft verhindert eine signifikante Wärmeabfuhr. Aufgrund des hohen konstruktiven Aufwandes, welcher in keinem Verhältnis zur prognostizierten Entlastung des Kühlsystems steht, erfolgt keine Außenberippung der TEG-Kühler.

Fertigung

Grundträger und Deckel des Kühlmittelwärmetauschers sind aus AlMn1 (EN AW 3103) gefräst und miteinander verschweißt. Die Turbulenzbleche aus lotplattierten AlMn1Cu (EN AW-3003) sind mit dem Grundträger per Vakuumlötverfahren für einen optimalen Wärmeübergang flächig verlötet. Die hohe Druckstabilität der gewählten Lamellen- bzw. Turbulenzbleche ermöglicht eine homogen TEM-Flächenpressung von 2,0 MPa. Die in kreuzstrombauweise ausgeführten Wärmeübertrager wurden anhand der Krümmerbreite sowie der Breite von zwei thermoelektrischen Modulen dimensioniert. Dadurch können bei entsprechender Verspannung geringe Verformungen des Abgaswärmetauschers infolge inhomogener thermischer Ausdehnung kompensiert werden.

7.2.4 Wärmeübertragung zwischen Wärmetauschern und TE-Modul

Wesentlich für die Effizienz des Wärmetauscherverbundes ist die thermische Verbindung zwischen thermoelektrischen Modulen und Wärmetauschern. Fertigungsbedingte Profilrauigkeiten (Abb. 54) und Oberflächentopografien (Wellen, etc.) führen dazu, dass nur an einigen Stellen der Gesamtoberfläche Wärme übertragen wird. Zwischen diesen Kontaktstellen befinden sich Hohlräume. Sind diese beispielsweise mit Luft gefüllt, so tritt ein endlicher Temperaturabfall an der Kontaktstelle auf. Ist der Temperaturunterschied zwischen beiden Oberflächen sehr groß, kann bei gasgefüllten Hohlräumen die Wärmestrahlung die Wärmeübertragung an der Kontaktstelle zusätzlich verbessern [Ust11, Chu10].

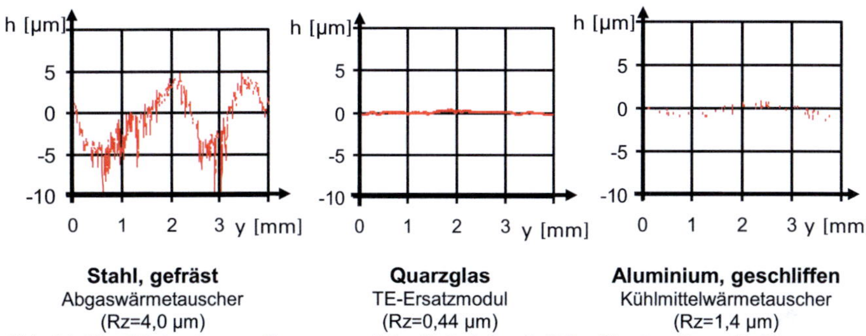

Abb. 54: Oberflächentopografien verwendeter Materialien (mit Profiltastgerät ermittelt)

In Abhängigkeit von Temperatur, Werkstoffpaarung, Oberflächenbeschaffenheit und Spaltmedium beträgt der spezifische Wärmeübergangskoeffizient $\alpha_{Kontakt}$ einer Kontaktstelle zwischen 100 W/m²K und 500 kW/m²K [Mar07, Her00]. Durch entsprechende Wärmeleitmaterialien und erhöhten Anpressdruck kann diese eingeschränkte Wärmeübertragung deutlich verbessert werden.

<u>Wärmeleitmaterial</u>

Eine allgemeingültige Berechnung des Wärmeübergangskoeffizienten für verschiedene Kontaktpaarungen mit und ohne Wärmeleitmaterialien ist aufgrund der vielfältigen Oberflächentopografie und Materialeigenschaften bisher nur begrenzt möglich [Ust11]. Für die Parametrierung der Simulationsmodelle wurden deshalb die Wärmeübergangskoeffizienten an einem speziellen TEG-Komponentenprüfstand experimentell für verschiedene Wärmeleitmaterialien ermittelt [Hei11]. Abbildung 55 (links) zeigt einen Vergleich der spezifischen Wärmeübergangskoeffizienten untersuchter Wärmeleitmaterialien mit verschiedenen Anpressdrücken p und Schichtdicken d.
Es zeigt sich, dass der spezifische Wärmeübergangskoeffizient grundsätzlich mit zunehmendem Anpressdruck steigt. Ursache dafür ist eine kontaktdruckabhängige elastische oder plastische Verformung der Oberflächen und die daraus resultierende Zunahme der wärmeübertragenden Kontaktfläche [Ust11].

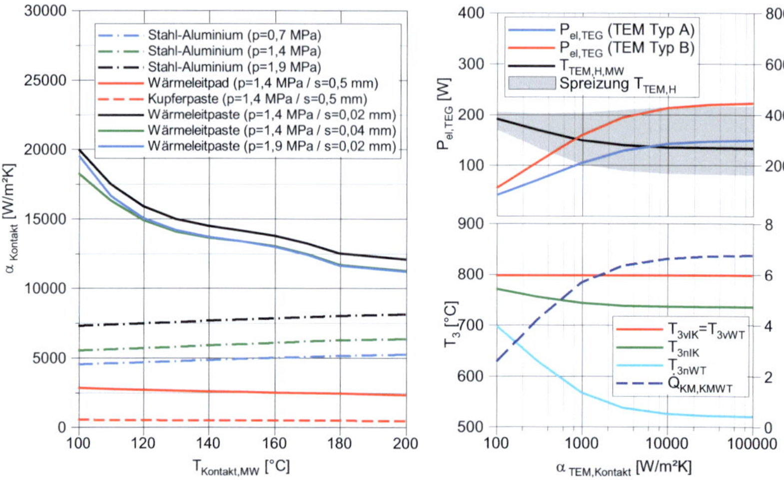

Abb. 55: Spezifische Wärmeübergangskoeffizienten an einer Kontaktstelle (li., mess.) und Einfluss auf den TEG-Wärmetauscherverbund im Betriebspunkt 130 km/h (re., sim.)

Die in dieser Arbeit aufgeführten gekapselten TEG-Referenzmodule verfügen bereits über eine Metallhülle, die bei entsprechend hohem Anpressdruck einen sehr hohen Wärmeübergangskoeffizienten gewährleistet. Dadurch kann an der Modulheißseite auf ein zusätzliches Wärmeleitmaterial verzichtet werden. Wäre diese Metallhülle nicht vorhanden, so könnte der Wärmeübergangskoeffizient durch Wärmeleitpasten und Lote weiter gesteigert werden. Der maximale Wert der untersuchten Wärmeleitpaste (Schichtdicke 0,04mm) wird bei einem Anpressdruck von 1,4 MPa erreicht. Aufgrund der geringen Kompressibilität der Wärmeleitpaste bewirkt eine Erhöhung des Anpressdruckes auf 1,9 MPa keine weitere Verbesserung. Der thermische Kontakt kann dann nur noch im begrenzten Maß durch die Reduzierung der Schichtdicke optimiert werden.

Der beste Wärmeübergang bei den Prüfstandsuntersuchungen mit TE-Ersatzmodulen könnte theoretisch durch das ebenfalls untersuchte, relativ kostenintensive Heißlot ($\alpha_{Kontakt}$=3,1 MW/m²K) erreicht werden. Unter Berücksichtigung des Kosten-Nutzen-Verhältnisses, wird aber stattdessen eine Wärmeleitpaste mit einer Schichtdicke von 0,02 Millimeter zwischen Modul und Kühler favorisiert. Eine Verwendung der untersuchten Wärmeleitmaterialien zur Verbesserung des Wärmeüberganges zwischen Modul und Abgaswärmetauscher ist nicht möglich. Die maximal zulässige Temperatur von 350°C für Wärmeleitpasten bzw. 600°C von Heißloten wird an dieser Stelle deutlich überschritten. Ein Einsatz würde unweigerlich zur Zerstörung des Wärmeleitmateriales durch Ausdampfen der Flüssigkomponente bzw. durch Oxidation von Lotbestandteilen unter sauerstoffhaltiger Atmosphäre führen.

Abbildung 55 (rechts) verdeutlicht den Einfluss des spezifischen Wärmeübergangskoeffizienten auf das thermische Verhalten des Wärmetauscherverbundes. Ausgehend von den im Prototyp angenommenen $\alpha_{TEM,Kontakt}$=7500 W/m²K auf der TEM-Heißseite und $\alpha_{TEM,Kontakt}$=15000 W/m²K auf der TEM-Kaltseite, würden mit besseren Wärmeübergängen keine wesentlichen Vorteile erreicht werden. Eine Verschlechterung des Wärmeübergangsverhaltens an den Kontaktstellen, beispielsweise infolge von Materialverzug oder Alterung der Wärmeleitpaste, führt stattdessen erwartungsgemäß zu einem reduzierten Wärmestrom vom Abgas zu den thermoelektrischen Modulen. Durch die isolierende Wirkung zwischen Abgaswärmetauscher und Kühler erfolgt der Temperaturabfall nicht mehr über dem TE-Modul sondern an den Kontaktstellen. Dadurch sinken sowohl die Temperaturdifferenz über dem Modul als auch die daraus resultierende, thermoelektrisch generierte Leistung.

7.2.5 Verspannung des Wärmetauscherverbundes

Neben der Auswahl geeigneter Wärmeleitmaterialien beeinflusst die Höhe und Verteilung der Anpresskräfte den Wärmeübergang am Modul wesentlich [Har05]. Die erforderliche Flächenpressung thermoelektrischer Module liegt herstellerspezifisch bei etwa 1,4 bis 3,0 MPa [Kon06, Tos07, Jae11]. Diese Angaben dienen vor allem als Richtlinie zur Vermeidung von Bauteilschäden und zur Gewährleistung einer optimalen Kontaktierung innerhalb der Module. Für eine konstruktive Umsetzung von Anpresskräften über 1,4 MPa können sowohl Schrauben- als auch Tellerfedern zum Einsatz kommen, da diese in Abhängigkeit ihrer Federkennlinie konstruktionsbedingte Toleranzen und Veränderungen im Spannsystem, beispielsweise durch Wärmeausdehnung, ausgleichen können. Vor allem Tellerfedern erlauben eine einfache und kompakte parallele oder serielle Anordnung der Federelemente. Der maximale Federweg bei konstanter Federkraft ergibt sich für die Tellerfedern aufgrund der maximalen Wärmeausdehnung der Verspannschrauben. Diese beträgt bei einer Gastemperatur von 1000°C unter den zu erwartenden Randbedingungen im Wärmetauscher etwa 0,4 Millimeter. Am TEG-Komponentenprüfstand wurde mit Hilfe von Druckmessfolien die Homogenität der Anpresskräfte für verschiedene Spannsysteme untersucht. Eine inhomogene Druckverteilung infolge von Oberflächenunebenheiten oder Verformung der Wärmetauscheroberflächen würde zwangsläufig zu hohen Spannungsspitzen und daraus resultierenden Modulschäden führen. Gleichzeitig würde der Wärmeübergang am Modul deutlich reduziert werden. Erst eine umfangreiche Kraftverteilung durch mehrere Federn führte zu einer homogenen und thermisch effizienten Druckverteilung. Zur Gewährleistung des geforderten Anpressdruckes von 2,0 MPa sind für die Verspannung von vier thermoelektrischen Modulen fünf Tellerfedern in zweistufiger paralleler Anordnung erforderlich [Sch11].

7.2.6 Konstruktiver Vergleich Basiskrümmer und gefertigter TEG-Prototyp

Folgende Tabelle zeigt die thermodynamisch relevanten Kennwerte des serienmäßigen Basiskrümmers im Vergleich zum prototypisch gefertigten TEG-Wärmetauscherverbund und dessen Innenkrümmer (Abb. 56). Anhand des TEG-bedingten Fahrzeugmehrgewichtes von 21 Kilogramm, lässt sich nach Reiser [Rei08] ein Verbrauchsanstieg im NEFZ um 0,04 l/100 km bzw. 0,6 Prozent prognostizieren. Das entspricht etwa einem Gramm Kohlendioxid pro Kilometer.

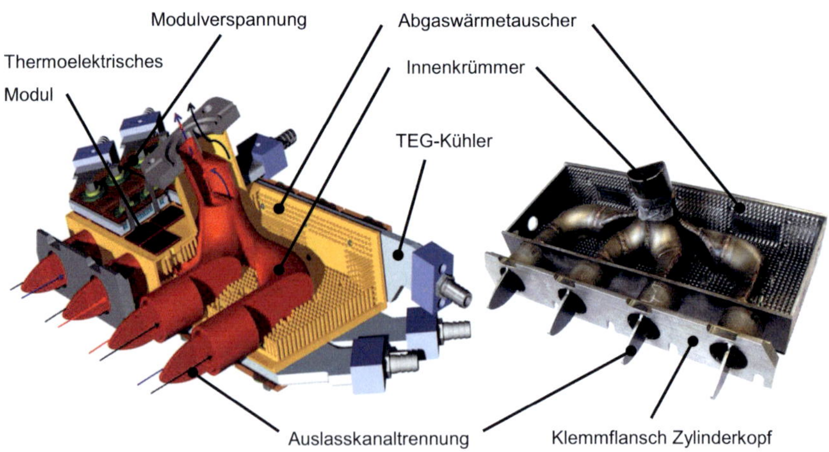

Abb. 56: Schnitt von 3d-Konstruktion und gefertigtem Krümmer-TEG-Wärmetauscherverbund

Tab. 15: Kennwertvergleich Basiskrümmer und TEG-Krümmer mit Wärmetauscherverbund

	Basis-krümmer	**TEG-Krümmer und TEG-Wärmetauscher**
Innenfläche Krümmer	512 cm²	824 cm²
Innenfläche Wärmetauscher (Bereich TE-Module)	-	27.234 cm²
Innenfläche Wärmetauscher (gesamt)	-	27.501 cm²
Außenfläche Wärmetauscher (gesamt)	-	1.460 cm²
Effektive Oberfläche der TE-Module (Heißseite)	-	1.191 cm²
Abgasvolumen Krümmer	0,46 dm³	0,53 dm³
Abgasvolumen Wärmetauscher	-	1,79 dm³
Abgasvolumen Turbinenflute(n)	0,11 dm³	0,13 dm³
Summe	**0,55 dm³**	**2,45 dm³**
(Innen-) Krümmer	3,8 kg	2,6 kg
Abgaswärmetauscher		9,2 kg
TEG - Kühlkreislauf (komplett)	-	3,1 kg
TEG - Kühler	-	4,2 kg
TE-Module (Ersatzmodule)	-	0,7 kg
TEG – Verspannelemente	-	3,9 kg
Turbinengehäuse	2,7 kg	3,8 kg
Summe	**6,5 kg**	**27,5 kg**

7.3 Integration Kühlkreislauf

Die Wärmeabfuhr des Versuchsmotors erfolgt serienmäßig über eine konventionelle Zwangsumlaufkühlung. Das Kühlmittel strömt auf der Einlassseite in das Zylinderkurbelgehäuse. Über eine Galerie wird es anschließend um die Zylinder auf die Auslassseite geführt. Für die Kühlung von Abgasturbolader und Motorölkühler wird ein Teil des Kühlmittelvolumenstromes abgezweigt. Während der Nachheizphase des Motors kann eine elektrische Nachlaufpumpe die Kühlung des Abgasturboladers zum Schutz vor Überhitzung und Ölverkokung sicherstellen. Der Zylinderkopf wird zugunsten einer besseren Gleichverteilung von der Auslassseite über die Zündkerzenschächte zur Einlassseite querdurchströmt. Im Zylinderkopf wird ein Teil des erwärmten Kühlmittels abgeleitet und der Heizung zugeführt. Das restliche Kühlmittel wird über eine Öffnung auf der Einlassseite des Zylinderkurbelgehäuses aus dem Motor geleitet. Die Temperaturregelung erfolgt über einen Thermostaten [Boe08].

Ziel der in dieser Arbeit umgesetzten TEG-Integration in das bestehende Fahrzeugkühlsystem ist die Möglichkeit zur Motorwarmlaufbeschleunigung durch Abwärmenutzung und die Sicherstellung einer hohen Moduleffizienz durch niedrige Kühlmitteleintrittstemperaturen am TEG-Kühler. In Abbildung 57 ist der Einfluss der Kühlmitteleintrittstemperatur an den TEG-Kühlmittelwärmetauschern $T_{KM,KMWT,e}$ auf die thermoelektrisch rekuperierbare Leistung, auf den erforderlichen Kühlleistungsbedarf und auf die Abgastemperaturen vor dem jeweiligen Turbineneintritt dargestellt.

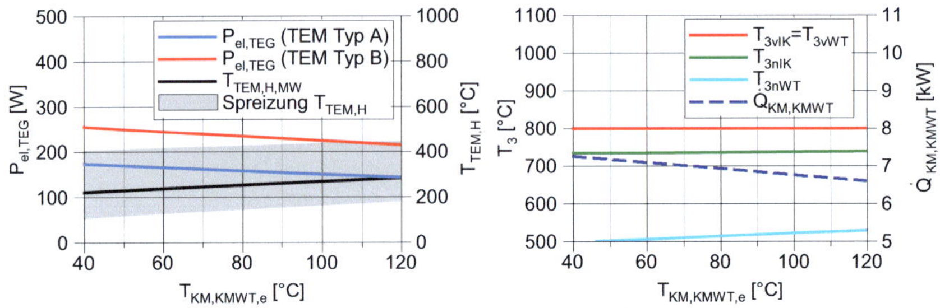

Abb. 57: Einfluss der Kühlmitteltemperatur am Kühlereintritt (130 km/h, sim.)

Es zeigt sich, dass der Wärmestrom durch die Module bei niedrigen Kühlmitteltemperaturen zwar nur gering, aber stetig angehoben werden kann. Ursache dafür ist der begrenzte Wärmeübergang vom Abgas zur Wärmetauscherwand. Der Einfluss auf die Abgastemperaturen ist bei 130 km/h marginal. Die Absenkung des Modultemperaturniveaus ist in etwa proportional zum Kühlmitteltemperaturniveau.

Für die Integration der TEG-Kühler (KMWT) in das Motorkühlsystem (Abb. 58) lässt sich daraus ableiten, dass einerseits der TEG während der Warmlaufphase in den Kurzschlusskreis integriert werden muss. Andererseits kann eine hohe Moduleffizienz bei betriebswarmem Motor nur durch die direkte Anbindung an den Hauptkühleraustritt (MOT-KMWT) erreicht werden. Bei der Integration ist weiterhin darauf zu achten, dass die Thermostatregelung des Motors nicht beeinflusst wird (Vermeidung eines Thermostatbypass) oder das heiße Kühlmittel aus dem TEG-Kühler direkt in den Verbrennungsmotor strömt (Überhitzungsgefahr).

Auf Basis umfangreicher Kühlkreislaufsimulationen wird eine Verschlauchung gewählt, die die geforderten Bedingungen mit einem 3/2-Wegeventil erfüllt. Prüfstandsuntersuchungen mit dieser Kühlkreislaufmodifikation ergaben, dass eine vollständige Drosselung der TEG-Kühlerdurchströmung während der ersten Phase des Motorwarmlaufes zusätzliche Vorteile bietet. Eine Deaktivierung der TEG-Kühlmittelpumpe (TEG-KMP) allein ist dafür nicht ausreichend. Sie wird von der riemengetriebenen

Kühlmittelpumpe überströmt. Eine Lösung bietet die Erweiterung des 3/2-Wegeventils auf ein 3/3-Wegeventil [Geb10] oder ein zusätzliches Absperrventil (TEG-Ventil). Trotz aller Vorteile, die der Einsatz einer elektrischen oder vollvariablen mechanischen Kühlmittelpumpe bei dieser Kühlkreislaufanpassung bieten würde [Wic11, Wer11], wird zur besseren Vergleichbarkeit mit dem Serienstand die serienmäßige riemengetriebene Kühlmittelpumpe beibehalten.

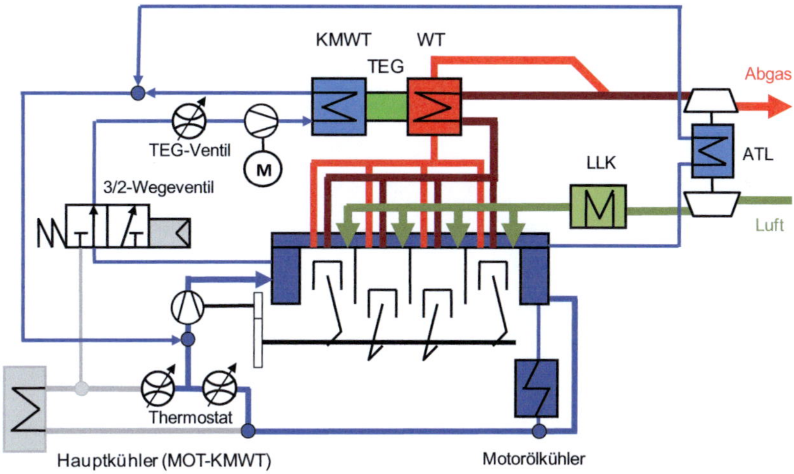

Abb. 58: Kühlkreislauf am HiL-Prüfstand (Zustand während Warmlaufphase mit $T_{KM,MOT}$>60°C)

Tab. 16: Kühlmittelvolumen der untersuchten Kühlkreislaufvarianten

	Prüfstand Basismotor	**Fahrzeug Basismotor**	**Prüfstand mit TEG**	**Fahrzeug mit TEG**
	dm³	dm³	dm³	dm³
Motor inklusive Turbolader	3,9	3,9	3,9	3,9
Motorkühlsystem Verschlauchung	4,3	4,3	4,3	4,3
Motorkühlsystem Hauptkühler	14,5	5,7	14,5	5,7
TEG-Kühler mit Verschlauchung	-	-	2,1	2,1
Gesamtvolumen im Warmlauf mit geschlossenem TEG-Ventil	**3,9**	**3,9**	**3,9**	**3,9**
Gesamtvolumen im Warmlauf mit geöffnetem TEG-Ventil			**6,0**	**6,0**
Gesamtvolumen betriebswarm	**22,7**	**13,9**	**24,8**	**16,0**

8 Ergebnisse

Eine asynchrone Steuerung der wärmetauscherseitigen Auslassventile AV_{WT} bietet neben der genannten Aufteilung der Abgasenthalpie (Kapitel 6.4) eine Vielzahl an Möglichkeiten zur Beeinflussung des Ladungswechsels. Vor allem das Verhältnis zwischen Expansionsverlusten und der aufzubringenden Ladungswechselarbeit während der Ausschubphase kann dadurch bestimmt werden. In Kombination mit einem Phasensteller an der Einlassnockenwelle und optimal angepassten Ventilsteuerzeiten (EO optimal) können weiterhin Luftaufwand, Ladungswechselverluste während der Ansaugphase (Entdrosselung) und der Restgasanteil im Zylinder (innere Abgasrückführung) positiv beeinflusst werden. Da eine derartige ein- und auslassseitige Ventiltriebvariabilität sowie ein entsprechend angepasster Twinscrolllader am Versuchsmotor nicht zur Verfügung standen, konnten Prüfstandsmessungen nur mit spätem Einlass-öffnet (EO spät) und für synchron betriebene (AV_{IK}=AV_{WT}) oder asynchron geschlossene Auslassventile (AV_{WT} geschlossen) durchgeführt werden. Ein Vergleich der gemessenen und simulierten Volllastkurven (Abb. 59) deutet darauf hin, dass die gegebenen Einschränkungen am Versuchsmotor keine fundierten Untersuchungen zulassen. Aus diesem Grund basiert der überwiegende Teil der folgenden Analysen auf Motorprozess- und CFD-Simulationen, die anhand der Prüfstandsmessungen sowohl transient als auch stationär validiert sind (Anhang 11.4).

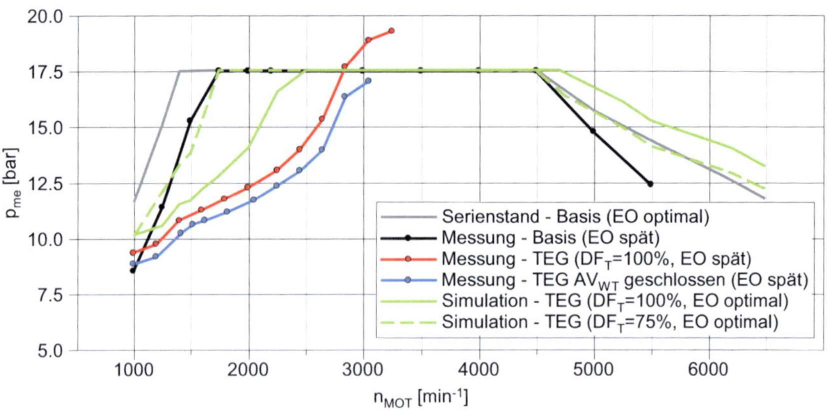

Abb. 59: Volllastkurve – Serienstand, Prüfstandmessung und Motorprozesssimulation

8.1 Stationärer Betrieb

8.1.1 Volllast

Ausgehend von dem in Kapitel 6.3.1 ermittelten, deutlich zu niedrigen stationären Low-end-torque des Motors mit TEG (Variante 2a) und synchroner Auslassventilsteuerung ($AV_{IK}=AV_{WT}$), wird zuerst das Volllastpotenzial der drei genannten asynchronen Auslassventilsteuerungen (Kapitel 6.4) untersucht. Dabei bleiben Steuerzeit und Ventilhubkurve der krümmerseitigen Auslassventile AV_{IK} ($AD_{AV,IK}$=180°$KW_{1mm-1mm}$, $AS_{AV,IK}$=350°$KW_{nZOT,1mm}$) unverändert und entsprechen denen des Basismotors.

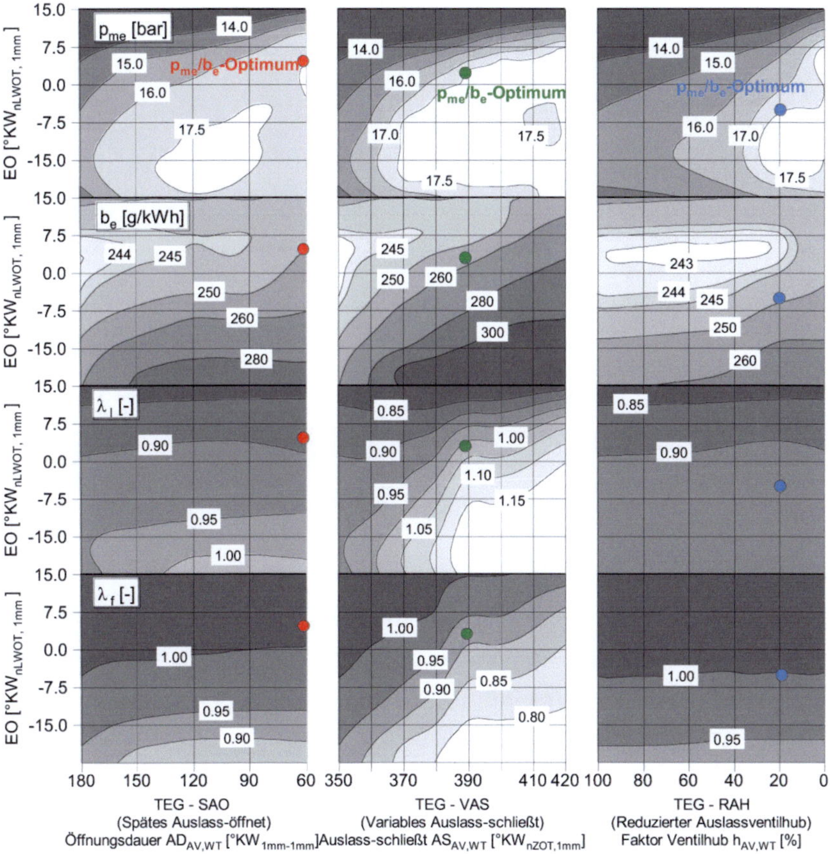

Abb. 60: Volllast - Motorprozessgrößen (1500 min⁻¹ Volllast, sim.)

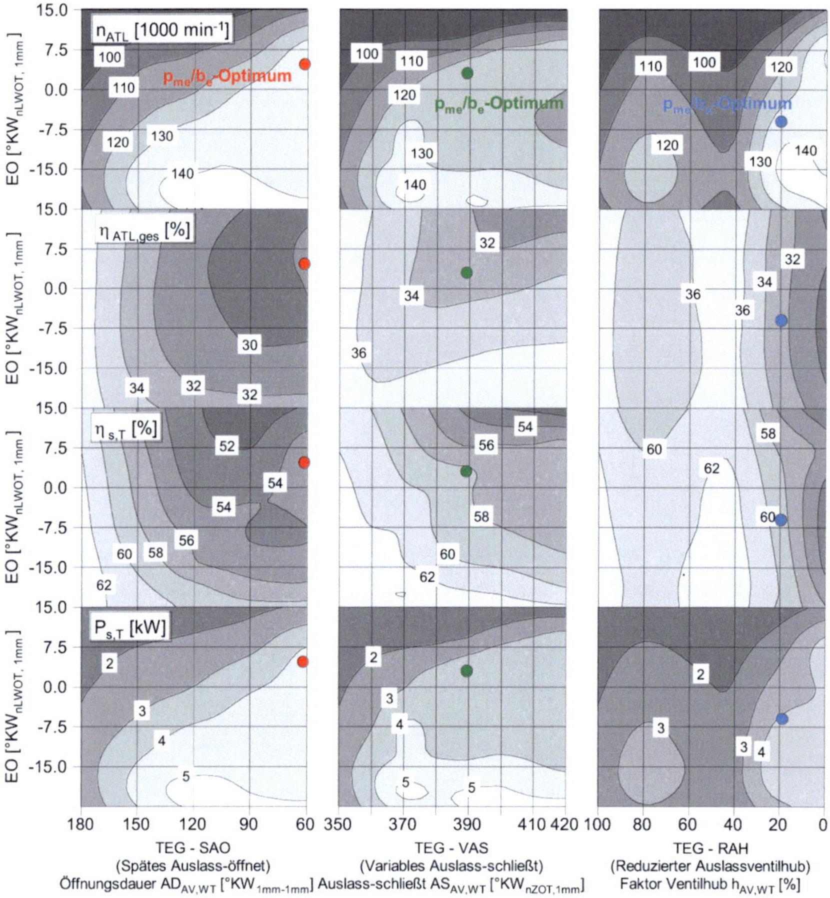

Abb. 61: Volllast - Abgasturboaufladung Twinscrolllader mit DF_T=75% (1500 min^{-1} Volllast, sim.)

Abbildungen 60 und 61 zeigen den Einfluss einer kombinierten Einlass- und asynchronen Auslassventilsteuerung auf Motorprozess und Aufladung für den Betriebspunkt 1500 min^{-1} Volllast. Alle drei Varianten (SAO, VAS, RAH) können bei angepasstem Einlassbeginn (p_{me}/b_e-Optimum), im Gegensatz zur synchronen Auslassventilsteuerung (jeweils linker Diagrammrand), den geforderten effektiven Mitteldruck des Basismotors (p_{me} =17,5 bar) erreichen (Abb. 60). Allerdings hat eine reduzierte Wärmetauscherdurchströmung sowohl bei der Ladungswechselcharakteristik als auch beim Aufladewirkungsgrad deutliche Vorteile gegenüber einer vollständigen Abschaltung des wärmetauscherseitigen Auslassventils (RAH $h_{AV,WT}$=0%). Dies hat folgende Ursachen:

Bei einer asynchronen Auslassventilsteuerung nach Variante SAO mit spätem Öffnen des wärmetauscherseitigen Auslassventils, kann bei einer Öffnungsdauer von 60°$KW_{1mm-1mm}$ eine zur Basis vergleichbare Stoßaufladung erzielt werden (Abb. 62).

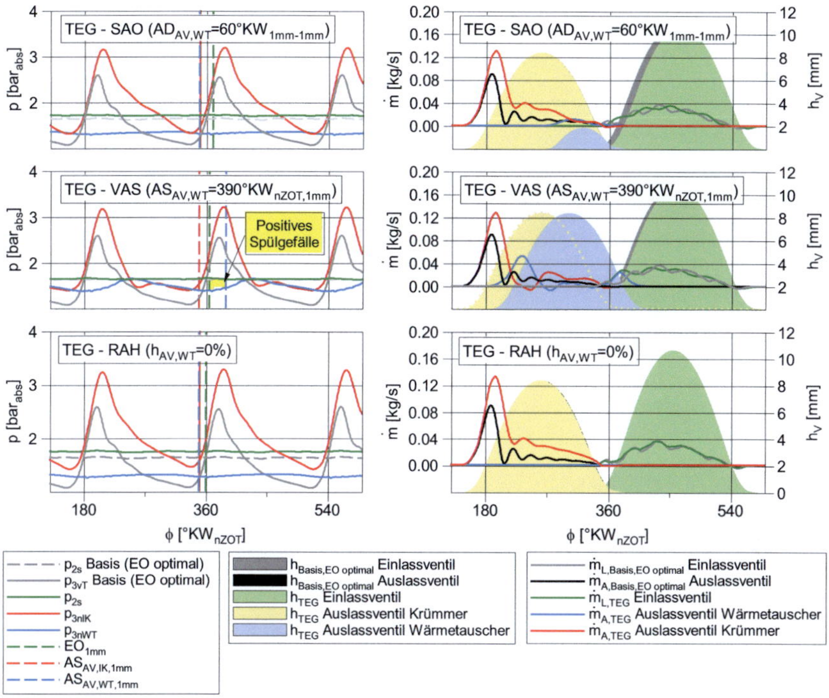

Abb. 62: Ladungswechsel – Variation Auslassventilsteuerung (1500 min^{-1} Volllast, sim.)

Allerdings sind die Ladungswechselverluste als Folge der Ventildrosselung und des negativen Spülgefälles ungleich größer (Abb. 63). Zudem wird der Turbinenwirkungsgrad aufgrund der extremen Ungleichbeaufschlagung deutlich reduziert. Der isentrope Verdichterwirkungsgrad des Twinscrollladers sinkt, da sich der Verdichter infolge der Ladedruckerhöhung bei nahezu konstantem Liefergrad vom Wirkungsgradoptimum in Richtung Pumpgrenze bewegt(Abb. 64). Eine Verkleinerung des

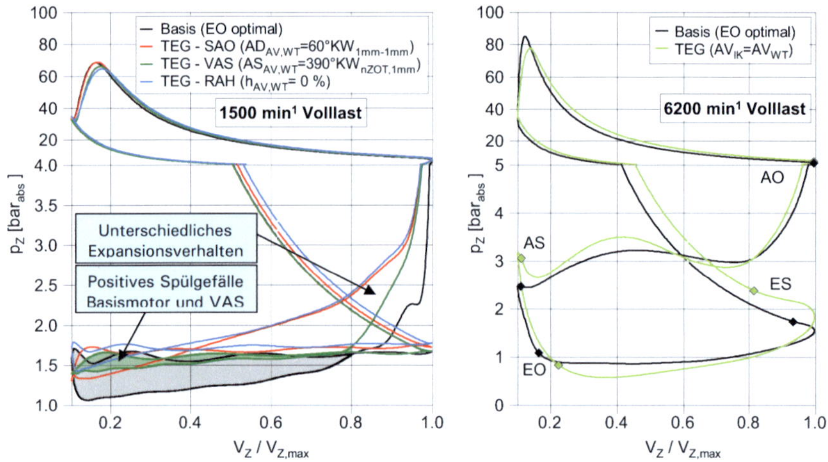

Abb. 63: Ladungswechsel – Volllast bei 1500 min^{-1} (li.) und 6200 min^{-1} (re.) (EO optimal, sim.)

Verdichterrades (DF_V<100%) ist nur bedingt möglich, da bereits der Durchsatzbereich der serienmäßigen Spezifikation (DF_V=100%, Kapitel 6.3.1) vollständig ausgenutzt wird (Abb. 64). Ein kleineres Verdichterrad ohne vergrößerte Kennfeldbreite würde demzufolge die Nennleistung des Motors reduzieren.

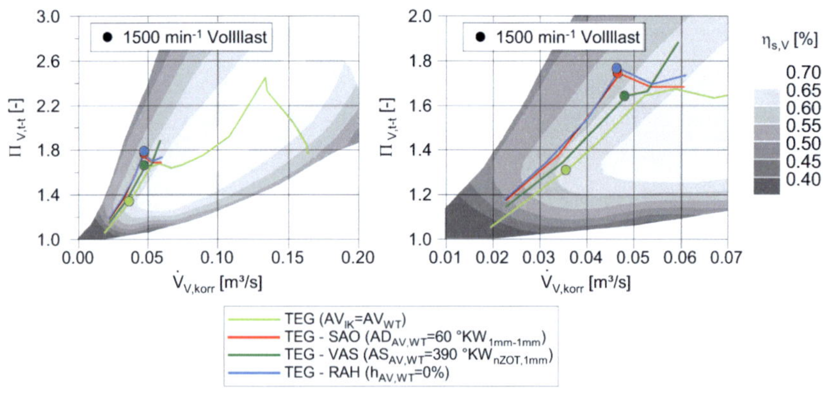

Abb. 64: Volllast - Motorbetriebslinie im Verdichterkennfeld Twinscrolllader (EO optimal, sim.)

Eine größere Ventilüberschneidung durch früheren Einlassbeginn führt ebenfalls zu keiner Verbrauchsreduzierung bei Variante SAO (Abb. 60), obwohl dadurch der Restgasanteil x_{RG} reduziert, der Durchsatz von Verdichter und Turbine gesteigert sowie Ladedruck und Aufladewirkungsgrad angehoben werden kann. Entscheidend sind jedoch folgende Nachteile, wie ebenfalls anwachsender Abgasgegendruck, zunehmende Drosselverluste an den Auslassventilen und überproportionaler Anstieg der aufzubringenden Ladungswechselarbeit $p_{mi,LW}$ (Abb. 65). Die aufgeführten Defizite führen sowohl bei 1500 min^{-1} als auch bei niedrigeren Drehzahlen dazu, dass die Volllastlinie des Basismotors mit der Variante SAO nicht erreicht werden kann.

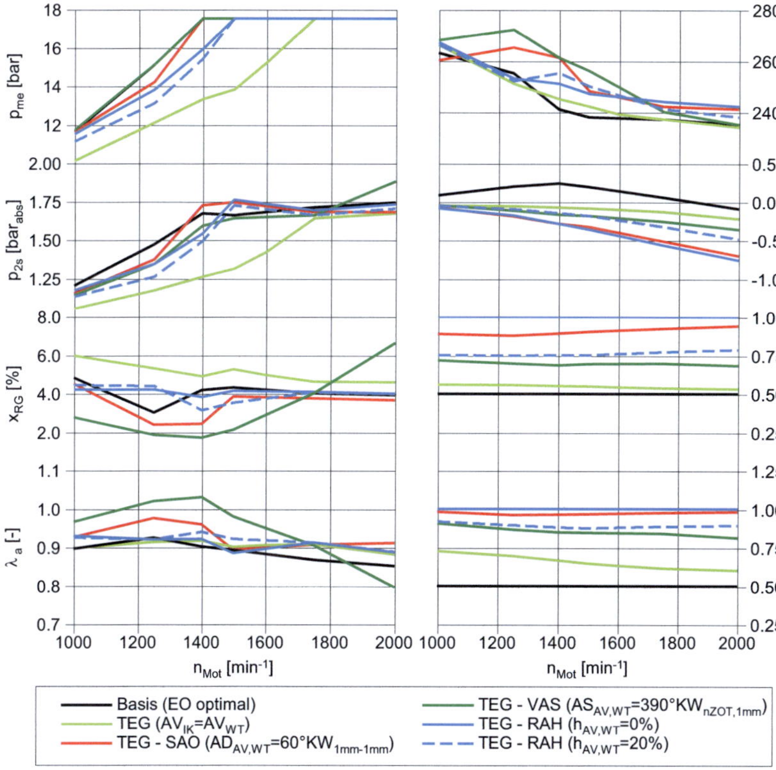

Abb. 65: Volllast - Motorprozessgrößen (EO optimal, sim.)

Eine asynchrone Auslassventilsteuerung nach Variante RAH mit einem auf 20 Prozent reduzierten Maximalhub ($h_{AV,WT}$=20%) erreicht bei 1500 min^{-1} etwas geringere Ladungswechselverluste $p_{mi,LW}$ (Abb. 65) als eine vollständige Ventilabschaltung (RAH $h_{AV,WT}$=0%) oder die vorher beschriebene Variante SAO mit spätem Auslassöffnet (z.B. $AD_{AV,WT}$=60°$KW_{1mm-1mm}$). Durch die etwas gleichmäßigere Durchströmung

von Innenkrümmer und Wärmetauscher (Verhältnis $\dot{m}_{A,IK}$ zu $\dot{m}_{A,ges}$) und die homogenere Beaufschlagung der Turbine (Verhältnis $\Delta\dot{H}_{sT,IK}$ zu $\Delta\dot{H}_{sT,ges}$) kann der Aufladewirkungsgrad leicht gesteigert werden. Allerdings resultieren aus der Abgaskühlung im Wärmetauscher eine signifikante Absenkung der noch zur Aufladung verfügbaren Abgasenergie sowie eine deutliche Ungleichbeaufschlagung der Turbine. Bei einer Drehzahl von 1000 min^{-1} bis 1400 min^{-1} bewirkt der dadurch absinkende Ladedruck eine niedrigeres Low-end-torque als beim Basismotor und Variante SAO.
Bei einer asynchronen Auslassventilsteuerung nach Variante VAS ist bei konstanter Ventilöffnungsdauer ($AD_{AV,WT}$=$AD_{AV,IK}$=180°$KW_{1mm-1mm}$) ein zeitlich variables Öffnen des wärmetauscherseitigen Auslassventils möglich. Dies hat mehrere Vorteile:

1. Die Energie des Vorauslassstoßes kann direkt auf die Turbine geleitet werden (Abb. 62). Die Stoßaufladung im Krümmer wird weitestgehend aufrechterhalten.
2. Der durch den Wärmetauscher geleitete, pulsationsgedämpfte und gekühlte Abgasvolumenstrom reduziert die Ungleichbeaufschlagung der Turbine. Er sichert damit einen vergleichsweise guten Turbinenwirkungsgrad und führt zu einem Anstieg der Laderdrehzahl.
3. Die Kühlung im Wärmetauscher erhöht die Gasdichte und reduziert den Volumenstrom und die Strömungsgeschwindigkeit des Abgases im Wärmetauscher und am entsprechenden Turbineneintritt. Als Folge davon sinken der Druckverlust im Wärmetauscher und somit auch die Ladungswechselverluste.
4. Der moderate Anstieg der Laderdrehzahl führt in Kombination mit dem hohen Luftaufwand zu einer geringeren Ladedruckanhebung als bei SAO und RAH. Das wirkt sich beim gewählten Verdichter wiederum positiv auf dessen Wirkungsgrad aus, da er näher am Wirkungsgradoptimum betrieben wird (Abb. 64).
5. Ein zeitlich versetztes Auslass-schließt vergrößert die effektive Ventilüberschneidungsphase signifikant. Da kein Gasaustausch zwischen den um 30°KW versetzt schließenden Auslassventilen möglich ist, wird der Ausschiebevorgang in den Innenkrümmer und den Wärmetauscher nicht durch den nachfolgenden, 180°KW versetzten Vorauslassstoß des nächsten Zylinders gestört (Abb. 63). Die Ventilüberschneidung von Einlass- und wärmetauscherseitigem Auslassventil ermöglicht für 25°$KW_{1mm-1mm}$ ein positives Spülgefälle, was den Luftaufwand steigert und den Brennraum aktiv spült. Die damit einhergehende Absen-

kung der inneren Abgasrückführrate führt nicht nur zu geringeren Restgasmengen, sondern ermöglicht auch einen früheren, deutlich günstigeren Verbrennungsschwerpunkt als bei allen anderen Varianten.

In Summe führen alle aufgeführten Vorteile dazu, dass ein variables Auslass-schließt (VAS) als einzige der untersuchten asynchronen Auslassventilsteuerungen das geforderte Low-end-torque des Basismotors erreicht. Aber auch diese Variante weist bei stationärem Volllastbetrieb einige Nachteile auf. Abbildung 62 zeigt, dass das Abgas nach dem Öffnen der wärmetauscherseitigen Auslassventile (φ=210°KW_{nZOT}) aus dem Krümmer in den Wärmetauscher überströmt. Ursachen dafür sind zum einen das gegenüber Krümmer und Brennraum deutlich niedrigere Druckniveau im Wärmetauscher und zum anderen eine ungünstige Reflexion der Überdruckwelle des Vorauslassstoßes. Letztere kann auch durch eine Optimierung der Kanalgeometrie unter den zulässigen konstruktiven Randbedingungen (z.B. maximal zulässige Krümmer-länge) nicht vermieden werden. Weiterhin führen die hohen Ladungswechselverluste, der Energieentzug vor Turbine und der nach wie vor geringe Aufladewirkungsgrad zu einem deutlich höheren Kraftstoffverbrauch als der Basismotor.
Eine Kombination von spätem Auslass-öffnet (SAO) und variablem Auslass-schließt (VAS) kann das aktive Spülen des Brennraumes über den Wärmetauscher noch einmal signifikant verbessern. Gleichzeitig steigen aber mit später öffnenden wärmetauscherseitigen Auslassventilen die Ladungswechselverluste signifikant, so dass der Kraftstoffverbrauch nur noch geringfügig sinkt. Eine Variation der in dieser Arbeit untersuchten Ventilsteuerungsparameter ergibt, dass selbst der verbrauchsoptimale Ventilhubverlauf mit $AS_{AV,WT}$=390°$KW_{nZOT,1mm}$ und $AD_{AV,WT}$=60°$KW_{1mm-1mm}$ die Verbrauchswerte des Basismotors bei stationärer Volllast bis 3000 min^{-1} nicht erreicht.
Demgegenüber kann durch einen TEG-Wärmetauscher mit synchroner Auslassventilsteuerung der effektive spezifische Verbrauch bei Nennleistung (Kapitel 6.3.1, Abb. 36) um 7,5 Prozent bei 6200 min^{-1} bzw. 9,5 Prozent bei 6500 min^{-1} gegenüber dem Basismotor gesenkt werden. Die für eine solche Reduzierung der Kraftstoffanreicherung notwendige Kühlleistung beträgt etwa 17,4 Kilowatt (Abb. 66/links). Wird die effektive Ventilöffnungsdauer von 180°$KW_{1mm-1mm}$ um 10°KW verlängert, indem das wärmetauscherseitige Auslassventil (VAS) mit $AS_{AV,WT}$=340°$KW_{nZOT,1mm}$ etwa 10°KW früher öffnet, so kann bei Nennleistung die Abgasenergie des Vorauslassstoßes

noch gezielter über den Wärmetauscher geführt werden. Die Verlängerung der effektiven Auslassventilöffnungsdauer führt zur Reduzierung der Ladungswechselverluste um 5 Prozent gegenüber der synchronen Auslassventilsteuerung. Dieses Verhalten wird durch die Untersuchungen von Wieske [Wie09] bestätigt. Allerdings kann eine Kombination von asynchroner Auslassventilsteuerung und TEG-Wärmetauscher die Kraftstoffanreicherung weiter reduzieren, da die limitierende Temperatur im Innenkrümmer durch diese Maßnahme abgesenkt wird. Bei einem $T_{3,max}$=980°C beträgt die effektive spezifische Verbrauchsminderung im Nennleistungspunkt etwa 9 Prozent gegenüber dem Basismotor. Gegenüber der synchronen Auslassventilsteuerung erhöht sich der Wärmeeintrag in das Kühlsystem um 5 Prozent auf 18,3 Kilowatt.

Eine weitere Reduzierung der Kraftstoffanreicherung ist nur bedingt möglich. Ursache dafür ist die unabhängig von der motornahen Abgaskühlung steigende thermische Belastung von Kolben und Auslassventilen. Konkrete Einflüsse des TEG-Wärmetauscherverbundes auf die Bauteil- und Abgastemperaturen werden im Abschnitt Bauteilschutz (Kapitel 8.5) näher erläutert.

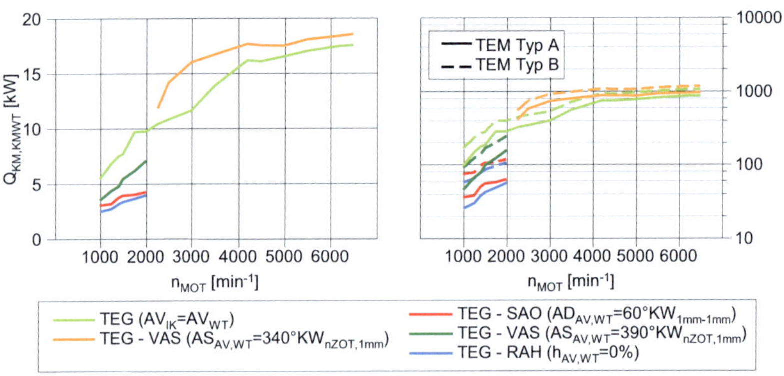

Abb. 66: Volllast – Wärmeeintrag ins Kühlmittel und rekuperierte Leistung (sim.)

Zusätzlich zum Verbrennungsprozess beeinflusst die Charakteristik der Auslassventilsteuerung die Effizienz des Abgaswärmetauschers und nicht zuletzt auch die thermoelektrisch rekuperierte Leistung (Abb. 66). Bei einer Abschaltung der wärmetauscherseitigen Auslassventile (RAH $h_{AV,WT}$=0%) oder einer deutlich reduzierten Wärmetauscherdurchströmung (SAO $AD_{AV,WT}$=60°$KW_{1mm-1mm}$) fungiert das nahezu stehende Abgas im Wärmetauscher, analog einem luftspaltisolierten Krümmer, als Isolierung zwischen Innenkrümmer und Wärmetauscherwand. Der relativ geringe Wärmeeintrag in das Kühlmittel erfolgt im Wesentlichen über Oberflächenstrahlung und Wärmeleitung vom Krümmer. Erst mit zunehmender Durchströmung des Wärmetauschers bzw. beim Umschalten auf eine synchrone Auslassventilsteuerung, ist mit einem signifikanten Anstieg der thermoelektrisch generierten Leistung zu rechnen. Wird wiederum bei hohen Motordrehzahlen anstatt der synchronen Auslassventilsteuerung ($AV_{IK}=AV_{WT}$) eine verlängerte effektive Auslassventilöffnungsdauer (Variante VAS) eingestellt, steigt im Nennleistungspunkt (6200 min^{-1}) die thermoelektrisch generierte Leistung um weitere 10 Prozent auf etwa 0,9 (TEM Typ A) bzw. 1,1 Kilowatt (TEM Typ B). Bezogen auf die abgeführte Kühlleistung entspricht das nach den in Kapitel 4.3.1 (Tab. 4, Abb. 23) aufgeführten Modulkennwerten einer durchschnittlichen Moduleffizienz von 5,0 Prozent (TEM Typ A) bzw. 6,1 Prozent (TEM Typ B).

Die damit einhergehende Entlastung des riemengetriebenen Generators im Volllastbetrieb hat zwei Vorteile (Kapitel 5.1). Liegt die Generatorleistung $P_{el,GEN}$ beispielsweise im Nennleistungspunkt 6200 min^{-1} ohne TEG bei 300 Watt, so reduziert die thermoelektrische Rekuperation die vom Motor aufzubringende Generatorantriebsleistung um etwa 800 Watt. Daraus resultiert entweder eine Verbrauchsminderung um weitere 0,2 Prozent oder ein Anstieg der effektiven Antriebsleistung am Getriebeeingang um 0,7 Prozent.

8.1.2 Teillastbetrieb und Motorleerlauf

Die untersuchten Konstantfahrtbetriebspunkte entsprechen einem unteren bzw. mittleren Teillastbetrieb des Versuchsmotors (Anhang 11.6). Infolge des geringen Enthalpiedurchsatzes wird sowohl am Basismotor als auch bei der Modifikation mit dem TEG-Wärmetauscher kein signifikanter Ladedruck aufgebaut (Abb. 67). Der Abgasdruck vor Turbine weist für beide Motorkonfigurationen in etwa das gleiche niedrige Niveau auf. Daher ist ein direkter Vergleich zwischen den Motormessungen mit und ohne TEG möglich. Eine Gegenüberstellung der Abgastemperaturen vor Turbine und Katalysator (Abb. 68) verdeutlicht, dass der TEG-Wärmetauscher mit synchroner Auslassventilsteuerung eine deutliche Abkühlung um bis zu 200 Kelvin vor Katalysatoreintritt bewirkt. Die kritische Light-off-Temperatur (T_{4vKat}=250°C) des Katalysators

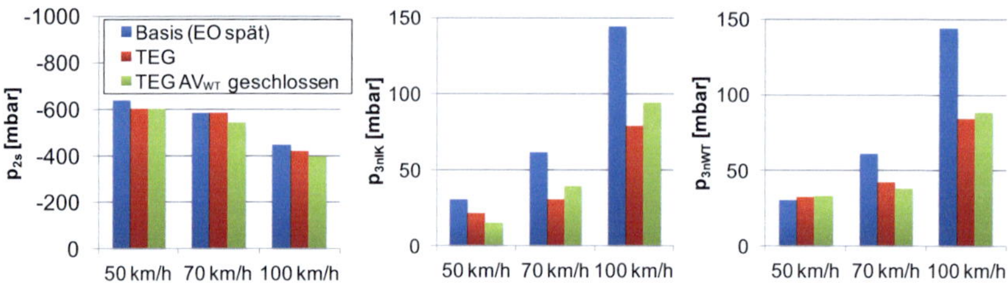

Abb. 67: Konstantfahrten - Ladedruck und Abgasdruck vor Turbine (EO spät, mess.)

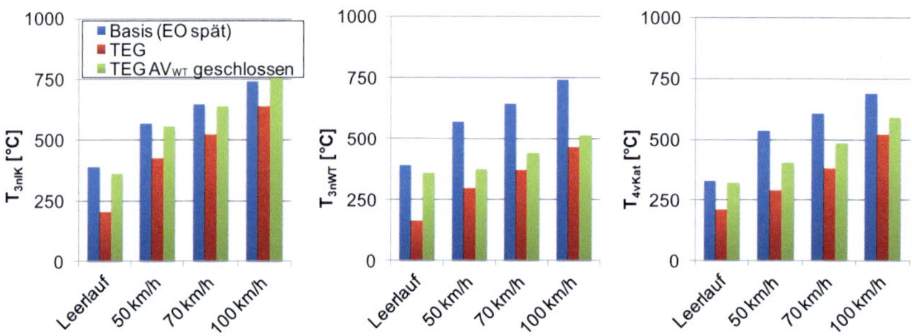

Abb. 68: Konstantfahrten - Abgastemperaturen (EO spät, mess.)

wird im Motorleerlauf (n_{MOT}<1000 min^{-1}) deutlich unterschritten. Eine Deaktivierung der wärmetauscherseitigen Auslassventile AV_{WT} kann dies verhindern. Ein Nebeneffekt der vollständigen Ventilabschaltung ist der Anstieg der Abgastemperatur im Wärmetauscher auf das Niveau des Innenkrümmers. Ursache hierfür sind die im vorherigen Abschnitt genannten, relativ hohen Wärmeverluste des Innenkrümmers im stationären unteren Teillastbetrieb. Diese hohen Wandwärmeverluste wirken sich allerdings auch positiv auf die thermoelektrisch rekuperierte Leistung $P_{el,TEG}$ aus (Abb. 69). Erst bei einem deutlichen Anstieg der maximal verfügbaren Abgasexergie (v_{FZG}>70 km/h), vermindert eine gedrosselte Wärmetauscherdurchströmung bzw. eine Ventilabschaltung die rekuperierte Leistung. Im Kraftstoffverbrauch zeigen sich allerdings bereits im Betriebspunkt 50 km/h deutliche Unterschiede zwischen asynchroner und synchroner Auslassventilsteuerung. Der Mehrverbrauch durch eine Ventilabschaltung beträgt bei 50 km/h etwa 7 Prozent und steigt bei 100 km/h auf über 20 Prozent an. Ursache dafür sind, analog zum Volllastbetrieb, vor allem die hohen Ladungswechselverluste.

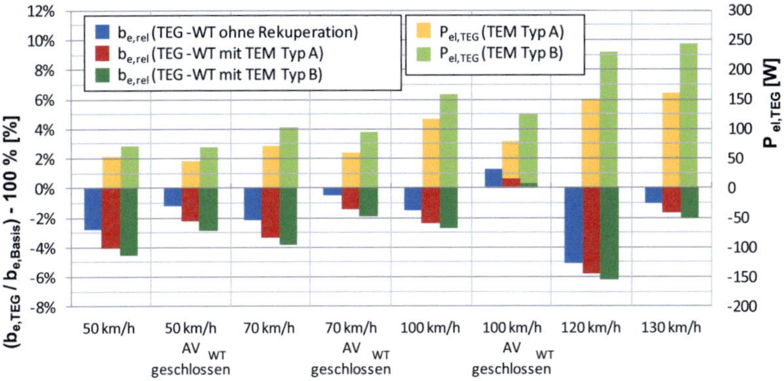

Abb. 69: Konstantfahrten - Verbrauchseinfluss und TEG-Leistung (EO spät, mess.)

Die in der Arbeit angestrebte thermoelektrisch rekuperierte Leistung $P_{el,TEG}$ von 200 Watt, unter Berücksichtigung eines Wandlerwirkungsgrad von 90 Prozent, wird mit Modul Typ B erst bei 120 km/h erreicht. Bei dieser Generatorentlastung sinkt der Verbrauch um etwa 1,1 Prozent gegenüber dem TEG-Motor ohne Rekuperation. Durch eine Abschaltung des Krümmerventiles könnte theoretisch die angestrebte elektrische Leistung $P_{el,TEG}$ von 200 Watt bereits bei etwa 100 km/h erreicht werden. Die überproportional ansteigenden Ladungswechselverluste würden aber zu einem unverhältnismäßig hohen Verbrauch führen.

8.2 Motorresponse und Fahrzeugbeschleunigung

Für die Fahrdynamik spielt das Drehmoment-Response-Verhalten des Verbrennungsmotors eine entscheidende Rolle. Grundlagen zur standardisierten Bewertung sind beispielsweise die Ermittlung der t_{90}-Zeit für einen Volllastsprung bei konstanter Motordrehzahl [Ros08, Sch09] oder die Dauer einer Fahrzeugbeschleunigung von 80 auf 120 km/h im 5.Gang. Anhand der Motorprozesssimulation kann der dynamische Mitteldruckaufbau des Basismotors mit sämtlichen TEG- und Auslassventilsteuerungsvarianten direkt verglichen werden. Berücksichtigt wird dabei das Mehrgewicht des Fahrzeuges durch den TEG-Wärmetauscherverbund.

Für den Volllastsprung ($p_{me,Start}$=2 bar) bei einer Motordrehzahl von n_{MOT}=1400 min^{-1} benötigt der Basismotor (EO optimal) eine t_{90}-Zeit von 3,4 Sekunden. Die saugmotorische Volllast beträgt 7,6 bar. Erwartungsgemäß führt die Integration des Abgas-

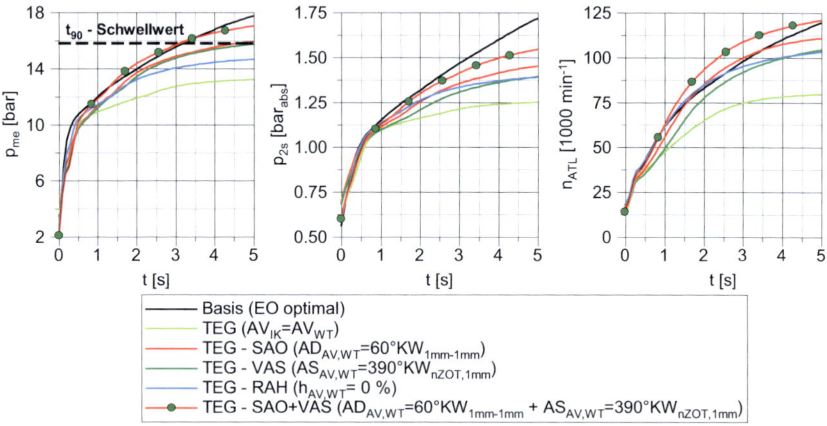

Abb. 70: Lastaufschaltung – Variation Auslassventilsteuerung (1400 min^{-1}, $p_{me,Start}$=2 bar, sim.)

wärmetauschers bei synchroner Auslassventilsteuerung (AV_{IK}=AV_{WT}) zu einem deutlich verzögerten Aufbau des effektiven Mitteldruckes (Abb. 70). Die bereits bei den stationären Untersuchungen festgestellte höhere Ladungswechselarbeit reduziert die saugmotorische Volllast auf 6,6 bar. Infolge des größeren Abgasvolumens vor Turbine und der geringeren Druckpulsation wird das Laufzeug des Twinscrollladers (DF_T=75%) trotz des etwa gleichen Massenträgheitsmomentes langsamer beschleunigt und somit der Aufbau des Ladedruckes p_{2s} verzögert. Der Anstieg des dynamischen Mitteldruckes ist daher deutlich flacher. Der für einen Vergleich der t_{90}-Zeit erforderliche effektive Mitteldruck von 15,75 bar wird mit einer synchronen Auslassventilsteuerung nicht erreicht. Dieses inakzeptable Instationärverhalten kann durch eine asynchrone Auslassventilsteuerung signifikant verbessert werden. Wie bereits bei der Diskussion des stationären Volllastverhaltens in Kapitel 8.1.1 erläutert, resultiert aus einer vollständigen Abschaltung der wärmetauscherseitigen Auslassventile (RAH $h_{AV,WT}$=0%) eine deutliche Ungleichbeaufschlagung der Turbine. Der sich daraus ergebende niedrige Aufladewirkungsgrad und die hohen Ladungswechselverluste führen ebenfalls zu einem verzögerten Ladedruckaufbau. Der effektive Mitteldruck des Basismotors kann somit nicht erreicht werden.

Im Gegensatz zum stationären Volllastbetrieb zeigt das zeitlich versetzte Öffnen der Auslassventile (VAS $AS_{AV,WT}$=390°$KW_{nZOT,1mm}$) bei einer Lastaufschaltung keine Vor-

teile. Die bei einer konventionellen Abgasanlage vorteilhafte hohe Spülluftmenge kann nicht effektiv zur Beschleunigung des Turboladers genutzt werden, da damit zuerst das zusätzliche Volumen des Wärmetauschers gefüllt werden muss (Stauaufladung). Aufgrund der geringen Wärmeleitfähigkeit des Wärmetauschermaterials wird während der kurzen Zeit des Lastsprunges dem Abgas keine signifikante Wärme entzogen. So bewirkt das pulsationsgedämpfte ungekühlte Abgas direkt nach der Wärmetauscherbefüllung eine relativ energiereiche homogene Beaufschlagung der Turbine. Niedrige Ladungswechselverluste, hohe Spülluftmenge und relativ guter Aufladewirkungsgrad führen trotz der anteiligen Stauaufladung zu einer deutlichen Verbesserung des Responseverhaltens gegenüber den vorangegangenen Varianten.
Ein spätes Auslass-öffnet (SAO $AD_{AV,WT}$=60°$KW_{1mm-1mm}$) erreicht in etwa das gleiche Motorresponseverhalten wie Variante VAS mit spätem Auslass-schließt. Die Vorteile der reduzierten Wärmetauscherdurchströmung und des relativ hohen Luftaufwandes werden allerdings durch die höheren Ladungswechselverluste kompensiert.
Ein zum Basismotor vergleichbares Responseverhalten wird nur durch eine Kombination von spätem Auslass-öffnet ($AD_{AV,WT}$=60°$KW_{1mm-1mm}$) und spätem Auslass-schließt ($AS_{AV,WT}$=390°$KW_{nZOT,1mm}$) erreicht. Diese Kombination (SAO+VAS) verbindet die für einen schnellen Ladedruckaufbau erforderlichen geringen Ladungswechselverluste mit einer reduzierten Wärmetauscherdurchströmung und einem hohen Aufladewirkungsgrad aufgrund moderater inhomogener Turbinenbeaufschlagung.
Im Gegensatz zur Lastaufschaltung steigen bei einer Fahrzeugbeschleunigung die Motordrehzahl und der Massendurchsatz kontinuierlich an. In Abhängigkeit von der gewählten Auslassventilsteuerung und dem daraus resultierenden Ladedruckaufbau ergeben sich während des Beschleunigungsvorganges unterschiedliche Volllastkurven. Abbildung 71 zeigt diese instationären Mitteldruckverläufe für die ersten Sekunden einer Fahrzeugvolllastbeschleunigung im 2. Gang. Wiederum zeigen die Ventilsteuerungsvarianten mit deutlich reduzierter Wärmetauscherdurchströmung einen guten instationären Mitteldruckaufbau. Der hohe Luftaufwand bzw. Massendurchsatz und der gute Aufladewirkungsgrad der Variante VAS kann hingegen den deutlich verzögerten Ladedruckaufbau durch das zusätzliche Wärmetauschervolumen nicht kompensieren. Auch bei einer Beschleunigung von 80 auf 120 km/h im 5. Gang erreichen die Varianten mit reduzierter Wärmetauscherdurchströmung (SAO und VAS)

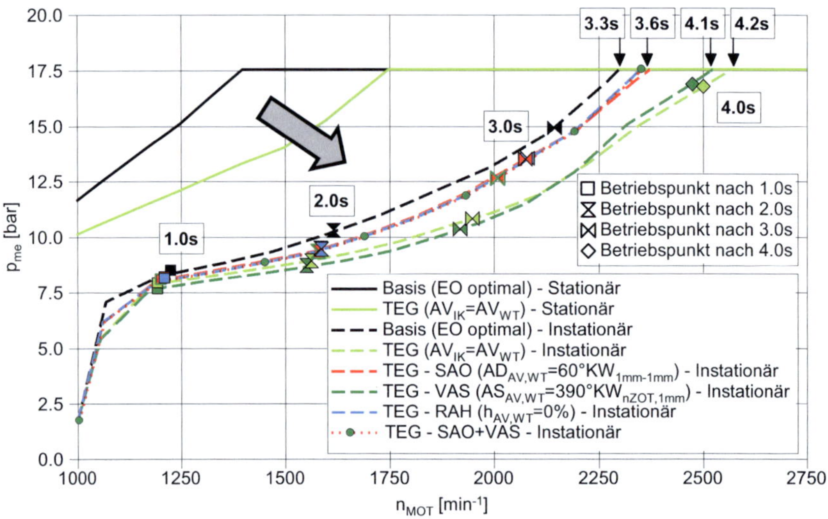

Abb. 71: Fahrzeugbeschleunigung - Instationäre Volllastkurve im 2. Gang (sim.)

das beste Ergebnis. Abbildung 72 zeigt in den ersten Sekunden ein dem Basismotor vergleichbares Beschleunigungsverhalten. Im Anschluss wird die Beschleunigung weniger durch das Zusammenspiel von Motor und Aufladung, sondern im Wesentlichen über die Abstimmung der Ladedruckregelung definiert. Um deren Einfluss auf die Fahrzeugbeschleunigung zu normieren, wird der Ladedruck einheitlich auf 1,8 bar_{abs} geregelt. Dieses Druckniveau entspricht dem am Prüfstand gemessenen Wert des Versuchsfahrzeuges (Anhang 11.4).

Ein Fahrzeug mit TEG-Wärmetauscher und synchroner Auslassventilsteuerung benötigt für die ladedruckgeregelte Beschleunigung bis 120 km/h eine t_{90}-Zeit von 8,5 Sekunden. Das sind etwa 0,6 Sekunden länger als beim Serienfahrzeug und entspricht mit 233,4 Meter einer zusätzlichen Strecke von 17,1 Meter. Alle asynchronen Steuerstrategien zeigen ihren Vorteil nur in der ersten Sekunde der Beschleunigung. Die Begrenzung des Ladedruckes führt mit steigendem Luftdurchsatz, vor allem durch die überproportional steigenden Ladungswechselverluste bei asynchroner Auslassventilsteuerung, zur deutlichen Reduzierung des maximal erreichbaren effektiven Mitteldruckes. Sinnvoll ist aus diesem Grund ein Wechsel von asynchroner auf synchrone Auslassöffnung. Bei den untersuchten Varianten erfolgt das Umschalten durch eine Auswertung der Ladedruckgradienten nach circa 0,9 Sekunden. Das Fahrzeug mit TEG-Wärmetauscher benötigt durch diesen Wechsel nur noch etwa 0,5 Sekunden länger für die Beschleunigung als der Basismotor.

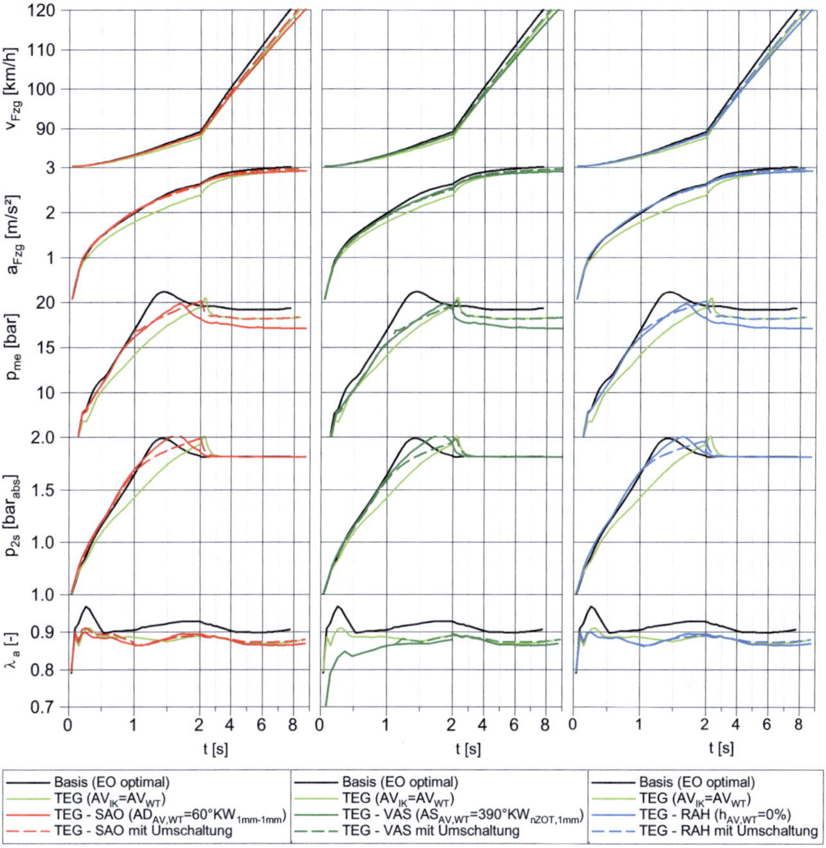

Abb. 72: Fahrzeugbeschleunigung - 80-120 km/h im 5. Gang (sim.)

Die durchgeführten instationären Untersuchungen ermöglichen zusätzlich zu den Motorperformancevergleichen eine Aussage über das thermodynamische Verhalten des Abgaswärmetauschers. Messungen mit synchroner Auslassventilsteuerung zeigen bei Lastaufschaltungen (n_{MOT}=1400 min^{-1}) einen durch die Wärmekapazität des Wärmetauschers hervorgerufenen, deutlich verzögerten Anstieg der thermoelektrisch rekuperierten Leistung. Die $t_{90}(P_{el,TEG})$-Zeit beträgt 168 Sekunden. Bei einer Ventilabschaltung verzögert sich diese $t_{90}(P_{el,TEG})$-Zeit auf 215 Sekunden, da das isolierende Abgas im Wärmetauscher die Wärmeübertragung vom Innenkrümmer zu den TE-Modulen nicht nur mindert sondern auch verzögert. Beide t_{90}-Werte bestätigen den in Kapitel 5.2.5 genannten moderaten Ladestromgradienten eines TEG.

Tab. 17: Lastaufschaltung und Fahrzeugbeschleunigung (EO optimal, $p_{2s,max}$=1,8 bar_{abs})

	Datenbasis	Response 1400 min^{-1}	80-120 km/h (5.Gang)	
		$p_{me,Start}$=2,0 bar $p_{me,t90}$=15,75 bar	ohne Umschaltung	mit Umschaltung
Basis (Serienfahrzeug)	mess.	-	**7,9 s**	-
Basis	sim.	**3,4 s**	**7,8 s**	-
TEG (AV_{IK}=AV_{WT})	sim.	-	**8,5 s**	-
TEG - SAO ($AD_{AV,WT}$=60°$KW_{1mm-1mm}$)	sim.	**4,6 s**	8,8 s	**8,4 s**
TEG - VAS ($AS_{AV,WT}$=390°$KW_{nZOT,1mm}$)	sim.	**5,0 s**	8,8 s	8,5 s
TEG - RAH ($h_{AV,WT}$= 0%)	sim.	-	8,8 s	**8,4 s**
TEG - SAO+VAS ($AS_{AV,WT}$=60°$KW_{1mm-1mm}$) ($AS_{AV,WT}$=390°$KW_{nZOT,1mm}$)	sim.	**3,3 s**		**8,4 s**

8.3 Warmlaufverhalten nach Motorkaltstart

Die wesentlichen Kriterien beim Motorwarmlauf sind einerseits die Dauer vom Motorstart bis zum Erreichen der Light-off-Temperatur des Katalysators (T_{4vKat}=250°C) und andererseits ein rasches Aufwärmen von Kühlmittel und Motoröl zur Reibleistungsreduzierung. Der Einfluss des TEG-Wärmetauschers mit synchroner oder asynchroner Auslassventilsteuerung wird exemplarisch für den Teillastpunkt n_{MOT}=2000 min^{-1}, p_{me}=6 bar ermittelt und mit den gemessenen und simulierten Temperaturverläufen des Basismotors verglichen. Die für die Prüfstandsmessungen im Versuchsmotor integrierten Temperatursensoren (Typ K, Ø=1,0 mm) sind in der Motorprozesssimulation abgebildet und dienen als Referenzwerte.

8.3.1 Katalysatorwarmlauf

Während der Katalysatorheizphase erfolgt am Versuchsmotor innerhalb der ersten 20 Sekunden eine komplexe Einspritz- und Zündstrategie durch das Abgasenergiemanagement (Abb. 73). Diese wurde in der Motorprozesssimulation nicht abgebildet.

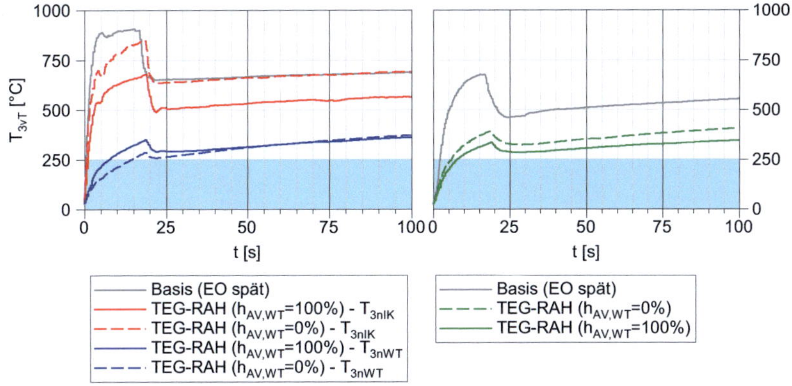

Abb. 73: Warmlauf - Abgastemperatur vor Katalysator (2000 min-1 6 bar, mess.)

Stattdessen erfolgt ein qualitativer Vergleich der Abgastemperaturen vor Katalysator unter Standardeinspritzung und spätem Einlassbeginn.

Wie allgemein bekannt, sind für ein rasches Aufheizen des Katalysators nach Motorkaltstart die Wärmeverluste in den abgasführenden Kanälen so minimal wie möglich zu halten. Dies gilt auch für den untersuchten TEG-Wärmetauscherverbund.

Am Lehrstuhl durchgeführte CFD-Untersuchungen zeigen, dass innerhalb der ersten Sekunden nach Kaltstart sowohl Kanaldicke als auch jegliche Art von Kanalkühlung durch die begrenzte Wärmeleitfähigkeit des Kanalmaterials keinen wesentlichen Einfluss auf die Light-off-Dauer haben. Eine Durchströmung des Abgaswärmetauschers führt jedoch zwangsläufig zu einer deutlichen Verzögerung der Light-off-Dauer. Ausgehend vom sehr kurz bauenden Gusskrümmer des Basismotors, muss auch beim Innenkrümmer des Prototyps mit einer längeren Light-off-Dauer gerechnet werden. Seine abgasbeaufschlagte Kanaloberfläche ist etwa 1,6fach größer (Kapitel 7.2.6).

Abbildung 74 zeigt den Einfluss der unterschiedlichen Ventilsteuerungsvarianten auf die Light-off-Dauer. Das größte Potenzial zur Warmlaufbeschleunigung bietet erwartungsgemäß die vollständige Deaktivierung der wärmetauscherseitigen Auslassventile (RAH $h_{AV,WT}$=0%). Alle anderen Varianten führen einen Teil der Abgasenergie über den Abgaswärmetauscher und entziehen somit dem Abgas thermische Energie. Dies impliziert ein verzögertes Light-Off des Katalysators (Tab. 18).

Eine Anhebung des absoluten Wärmewiderstandes $R_{th,K}$ des Krümmermaterials kann die Light-off-Dauer weiter verkürzen. Dies erreicht man gegebenenfalls durch einen

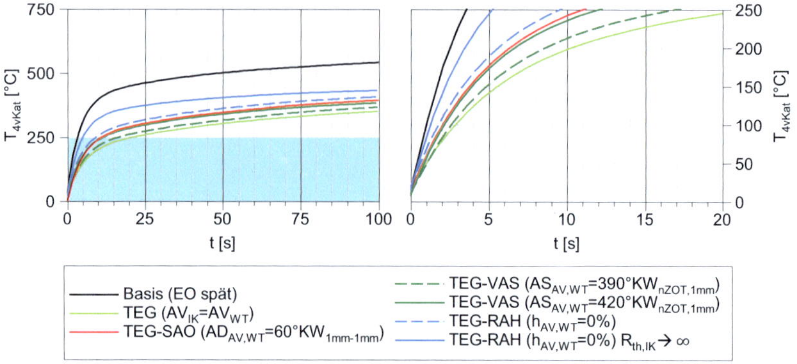

Abb. 74: Warmlauf - Abgastemperatur vor Katalysator (2000 min^{-1} 6 bar, sim.)

ausreichend dicken Überzug aus Oxidkeramik (z.B. ZrO_2 und TiO_2). Dieser wird auf der Krümmerinnenseite, beispielsweise durch atmosphärisches Plasmaspritzen, aufgetragen [Eis89, Bue98, Toe04, Ros08].

Die sehr kurze Light-off-Dauer des Basismotors kann selbst mit idealer Isolation $R_{th,IK} \rightarrow \infty$ nicht erreicht werden (Tab. 18). Ursache dafür ist die zu große abgasführende Kanaloberfläche des Prototyps. Eine oberflächenoptimierte Auslegung und Fertigung des Innenkrümmers als Gussteil oder per Hydroforming kann die Katalysatorheizphase weiter verkürzen. Eine Reduzierung der Kanalquerschnitte ist hingegen nicht zielführend, da die Druckverluste bei Nennleistung deutlich ansteigen würden.

Tab. 18: Warmlauf - Light-off-Dauer (EO spät, 2000 min^{-1} 6 bar, sim.)

	Basis	**TEG** AV_{IK}=AV_{WT}	**TEG-SAO** $AD_{AV,WT}$= 60°$KW_{1mm\text{-}1mm}$	**TEG-VAS** $AS_{AV,WT}$= 420°$KW_{nZOT,1mm}$	**TEG-RAH** $h_{AV,WT}$=0%	
$R_{th,IK}$	unverändert	unverändert	unverändert	unverändert	unverändert	∞
t_{mess}(T_{4vKat}=250°C)	2,6 s	8,5 s	-	-	6,2 s	-
Zeitfaktor zur Basis	1,0	3,3	-	-	2,4	-
t_{sim} (T_{4vKat}=250°C)	**3,5 s**	**21,3 s**	**11,3 s**	**12,1 s**	**9,4 s**	**5,2 s**
Zeitfaktor zur Basis	**1,0**	**6,1**	**3,2**	**3,5**	**2,7**	**1,5**

8.3.2 Motorwarmlauf

Ein Vergleich der am Prüfstand gemessenen Temperaturverläufe (Abb. 75) zeigt, dass der Motor mit durchströmten TEG-Abgaswärmetauscher (RAH $h_{AV,WT}$=100%) trotz 1,5fachem Kühlmittelvolumen (Kapitel 7.3, Tab. 16) schneller aufgewärmt wird

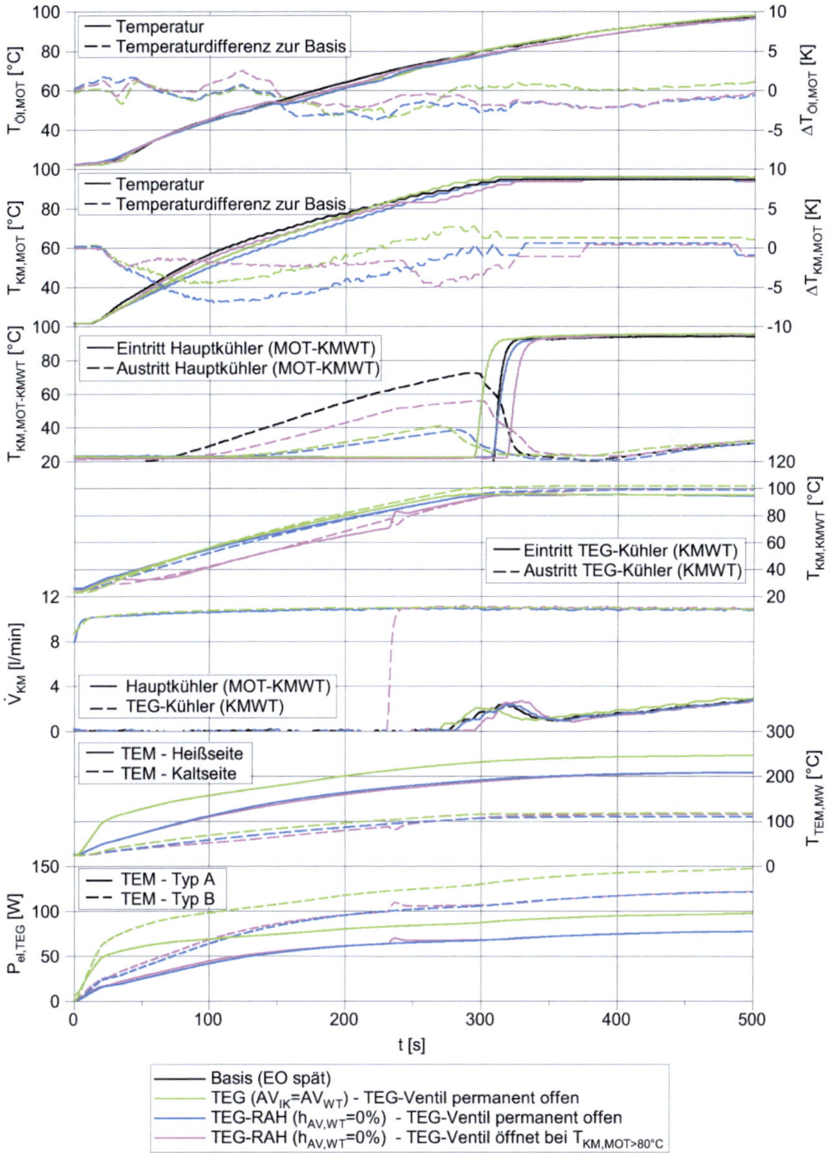

Abb. 75: Warmlauf - Medientemperaturen (EO spät, 2000 min^{-1} 6 bar, mess.)

als mit dem Serienkrümmer. Die für eine rasche Katalysatorerwärmung notwendige Ventilabschaltung (RAH $h_{AV,WT}$=0%) führt allerdings zu einer deutlichen Warmlaufverzögerung, was sich vor allem im erhöhten Verbrauch (Tab. 19) wiederspiegelt. Eine temperaturgeregelte TEG-Kühlerdurchströmung (TEG-Ventil öffnet erst bei $T_{KM,MOT}$>80°C) reduziert bei Ventilabschaltung ein unnötiges Abkühlen des Motorkühlmittels im TEG-Kühlkreis während der ersten 230 Sekunden.

Der fehlende Wärmeeintrag durch den abgeschalteten Abgaswärmetauscher kann dadurch aber nicht bis zum Öffnen des Kühlkreislaufthermostaten ($T_{KM,MOT}$=92°C) kompensiert werden. Ursache dafür sind die hohen Wandwärmeverluste im TEG-Kühlkreis. Sie reduzieren den zur Warmlaufbeschleunigung effektiv nutzbaren Abgaswärmeeintrag in den Motorkühlkreislauf nach Öffnen des TEG-Ventils.

Fazit der Warmlaufuntersuchungen ist, dass die in der Grenzpotenzialanalyse (Kapitel 5.1.1) aufgeführte maximale Verbrauchseinsparung von 8 bis 10 Prozent mit dem untersuchten TEG-Wärmetauscherverbund nicht erreicht wird. Die erzielten 2,3 Prozent (Tab. 19) liegen jedoch im Bereich vergleichbarer thermischer Rekuperationssysteme [Lad06, Neu10, Hep11].

Tab. 19: Warmlauf - Medientemperaturen und Verbrauch (EO spät, 2000 min^{-1} 6 bar, mess.)

	Basis	**TEG** $AV_{IK}=AV_{WT}$	**TEG-RAH** $h_{AV,WT}$= 0 %	
TEG-Ventil	-	offen	offen	öffnet erst bei $T_{KM,MOT}$> 80°C
$T_{KM,MOT}$=60°C	**113 s**	115 s	**136 s**	115 s
$T_{KM,MOT}$=90°C	278 s	**264 s**	281 s	**295 s**
$T_{Öl,MOT}$=90°C	398 s	**394 s**	**418 s**	415 s
m_{KS} bis $T_{Öl,MOT}$=90°C	590 g (0 %)	**576 g** **(-2,3%)**	610 g (+3,4%)	**623 g** **(+5,6 %)**

Der Motorwarmlauf als thermisch instationärer Vorgang lässt, analog zur Lastaufschaltung, wesentliche Rückschlüsse auf die thermodynamische Performance des thermoelektrischen Rekuperationssystems zu. Unabhängig vom Wärmetauscherverbund beeinflussen Wärmekapazität und Wärmeleitfähigkeit der Module sowohl die für einen raschen Motorwarmlauf erforderliche schnelle Erwärmung des Kühlmittels, als auch die Dauer bis zum Erreichen einer signifikanten thermoelektrisch rekuperierten Leistung. Ein TEG mit der Effizienz von Modul Typ A generiert beim untersuchten Warmlauf mit synchroner Auslassventilsteuerung bereits nach etwa 105 Sekunden 100 Watt elektrische Leistung. Bei Deaktivierung der wärmetauscherseitigen Auslassventile (RAH $h_{AV,WT}$=0%) verzögert sich die Rekuperation von 100 Watt auf 221 Sekunden. Das entspricht in etwa einem Drittel der gesamten Warmlaufphase.

Neben dem in Kapitel 7.2.2 diskutierten Einsatz von thermoelektrischen Modulen mit geringerem absoluten Wärmewiderstand $R_{th,TEM}$, besteht weiteres Verbesserungspotenzial durch dünnere Wärmetauscherwände und einer volumenreduzierten TEG-Verschlauchung. Analog zur Elastizitätsoptimierung ist weiterhin eine kombinierte Warmlaufstrategie denkbar, bei der eine Ventilabschaltung zur Katalysatoraufheizung nur innerhalb der ersten Sekunden aktiv ist und anschließend der Wärmetauscher durchströmt wird. Dieser Optimierungsansatz konnte allerdings aufgrund der fehlenden Variabilität des Auslassventiltriebes nicht am Prüfstand untersucht werden.

8.4 Thermomanagement Kühlkreislauf

Vor allem im Volllastbetrieb und bei geringer Fahrzeuggeschwindigkeit steigt im serienmäßigen Kühlsystem die Kühlmitteltemperatur am Motoraustritt $T_{KM,MOT,a}$ stark an (Abb. 76). Wie in Kapitel 5.2.4 beschrieben, belastet ein zusätzlicher Wärmeeintrag über den TEG-Wärmetauscher das Thermomanagement des Fahrzeuges deutlich.

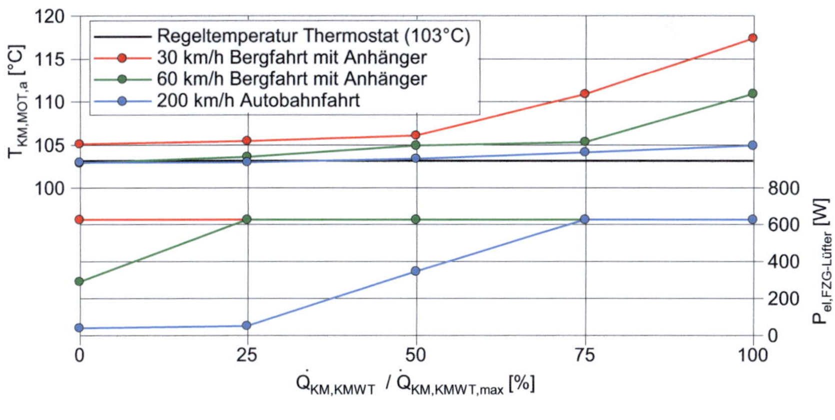

Abb. 76: Kühlmitteltemperatur am Motoraustritt bei reduziertem Wärmeeintrag (T_0=25°C, sim.)

Während bei einer Autobahnfahrt bei 130 km/h keine extrem hohe thermische Belastung des Motorkühlsystems zu erwarten ist, müssen bei 200 km/h beide Motorlüfter zur Begrenzung der Kühlmitteltemperatur auf 103°C aktiviert werden (Abb. 76). Aufgrund der in diesem Lastpunkt verfügbaren hohen Abgasenergie kann der TEG den zusätzlichen Leistungsbedarf $P_{el,Lüfter}$ von 620 Watt vollständig kompensieren (Kapitel 8.1.1, Abb. 66). Eine reduzierte Wärmetauscherdurchströmung bzw. ein begrenzter Wärmeeintrag über den TEG ist somit nicht erforderlich.
Bei einer 30 km/h-Bergfahrt (Klimaanlage deaktiviert, T_0= 25°C) hingegen beträgt die Kühlmitteltemperatur am Motoraustritt $T_{KM,MOT,a}$ trotz voller Lüfterleistung bereits im Serienfahrzeug etwa 105°C. Wird der TEG-Wärmetauscher in den Kühlkreislauf integriert, steigt die Kühlmitteltemperatur am Motoraustritt auf bis zu 117°C. Zur Vermeidung von thermisch kritischem Blasensieden im Zylinderkopf oder TEG-Kühler, darf allerdings die Kühlmitteltemperatur einen Wert von 110°C (p_{KM}=1,7 bar) nicht überschreiten [Now07, Koe11]. Ohne eine umfangreiche Kühlsystemanpassung [Sim08, Wer11] ist demnach in diesem Lastpunkt ein thermisch sicherer Motorbetrieb nur über die Reduzierung des TEG-Wärmeeintrages auf 75 Prozent zu gewährleisten (Abb. 76). Dafür kann sowohl die Abgastemperatur als auch die Verteilung des Abgasmassenstromes auf Krümmer und Wärmetauscher variiert werden.
Mit Hilfe einer asynchronen Auslassventilsteuerung ist die dafür erforderliche Aufteilung der Abgasmassen- bzw. Enthalpieströme umsetzbar. In Abbildung 77 sind die Rückwirkungen der drei asynchronen Auslassventilsteuerungen auf den Motorprozess und den zusätzlichen Kühlleistungsbedarf $\dot{Q}_{KM,KMWT}$ des TEG dargestellt.
Der für eine 30 km/h-Bergfahrt erforderliche effektive Mitteldruck von p_{me}=17,5 bar ist bei n_{MOT}=2000 min^{-1} sowohl verbrauchsoptimal mit synchroner Auslassventilsteuerung als auch mit allen drei untersuchten asynchronen Auslassventilsteuerungsvarianten erreichbar (Abb. 77). Um die Kühlmitteltemperatur am Motoraustritt auf 110°C zu begrenzen, bedarf es einer Reduzierung des Wärmeeintrages durch den Abgaswärmetauscher $\dot{Q}_{KM,KMWT}$ um 16 Prozent auf maximal 9,25 Kilowatt. Möglich wäre dies mit einem um Faktor 0,15 reduzierten Auslassventilhub (RAH $h_{AV,WT}$=15%) oder mit einem späten Auslass-öffnet (SAO $AD_{AV,WT}$=100°$KW_{1mm-1mm}$). Der spezifische effektive Mehrverbrauch beider Varianten beträgt etwa 3,4 Prozent. Die bisher zum Erreichen eines hohen stationären Low-end-torque favorisierte Variante VAS mit

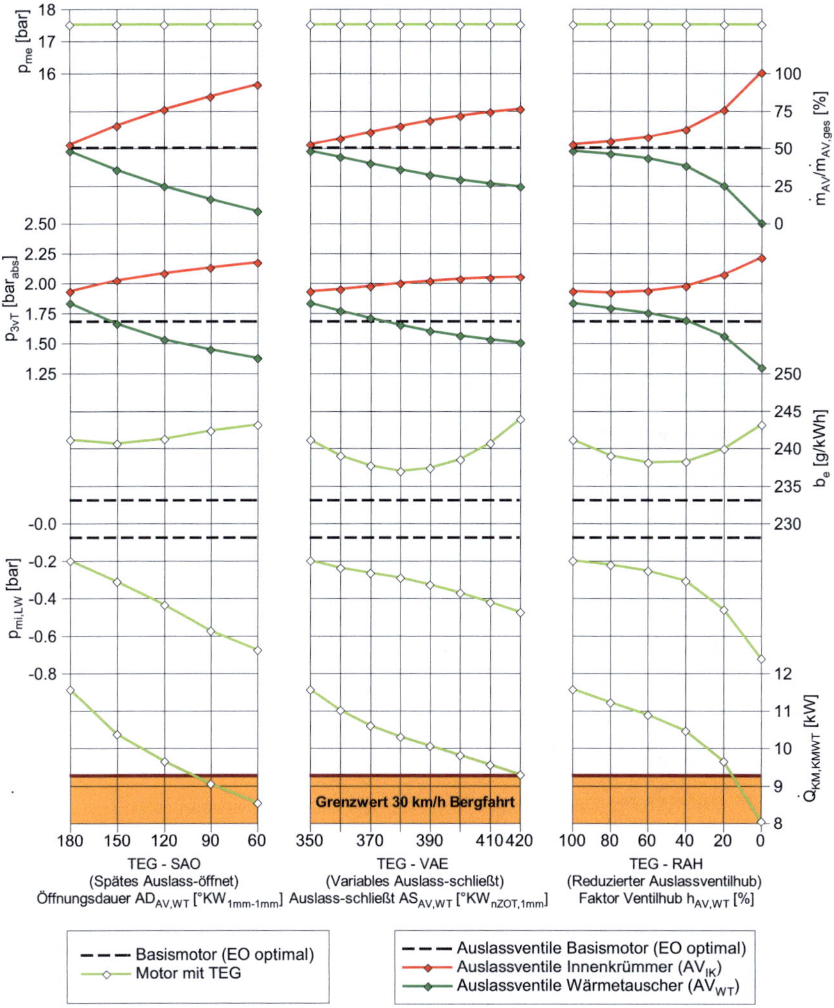

Abb. 77: Thermomanagement - Asynchrone AV-Steuerung bei einer 30 km/h-Bergfahrt (sim.)

spätem Auslass-schließt ($AS_{AV,WT}$=390°$KW_{nZOT,1mm}$) kann den Wärmeeintrag in den TEG-Kühler nicht ausreichend mindern. Dafür wäre ein sehr spätes Auslass-schließt ($AS_{AV,WT}$=420°$KW_{nZOT,1mm}$) mit einem spezifischen effektiven Mehrverbrauch von 5,6 Prozent notwendig. Die reduzierte Wärmetauscherdurchströmung mindert zudem die thermoelektrisch rekuperierte Leistung von 400 Watt (synchrone Auslassventilsteuerung) auf etwa 180 Watt. Beträgt der Bordnetzbedarf 300 Watt, so kann der riemengetriebene Generator nur teilweise entlastet und der Mehrverbrauch der asynchronen Auslassventilsteuerung nur noch um maximal 0,1 Prozent reduziert werden.

8.5 Thermischer Bauteilschutz

Die motornahe Integration des TEG-Wärmetauscherverbundes hat einen wesentlichen Einfluss auf den thermischen Bauteilschutz. Als besonders kritisch gelten die thermischen Belastungen der Auslassventile, des Innenkrümmers und Abgasturboladers (Turbinengehäuse, Turbinenrad) im Volllastbetrieb. Abbildung 78 zeigt die per Motorprozesssimulation ermittelten Temperaturverhältnisse im Abgastrakt für alle Zwischenstellungen der drei untersuchten Ventilsteuerungsvarianten. Die Motor- und Kühlsystembedingungen entsprechen wiederum einer 30 km/h-Bergfahrt.
Die Abgas- und Auslassventiltemperaturen für die komplette Volllastkurve des TEG-Motors sind in Abbildung 79 abgebildet. Im Nennleistungsbereich ist zusätzlich zur synchronen Auslassventilsteuerung ein frühes Auslass-schließt der Variante VAS ($AS_{AV,WT}$=340°$KW_{nZOT,1mm}$) dargestellt. Diese asynchrone Ventilsteuerung vergrößert die effektive Ventilöffnungsdauer durch ein um 10°KW früheres Öffnen der wärmetauscherseitigen Auslassventile von 180°$KW_{1mm\text{-}1mm}$ auf 190°$KW_{1mm\text{-}1mm}$. Es gelangt so der wesentliche Anteil des Vorauslassstoßes gezielt in den Wärmetauscher. Durch die zeitlich versetzt öffnenden krümmerseitigen Auslassventile sinkt die für die Kraftstoffanreicherung maßgebliche Abgastemperatur am Turbineneintritt.

Auslassventile

Anhand einer in GT-Suite implementierten vereinfachten FEM-Analyse, können bei gegebenen Materialeigenschaften die Bauteiltemperaturen der Auslassventile anhand der gas- und kühlmittelseitigen Wärmeübergangskoeffizienten ausreichend genau ermittelt werden [Ros08]. Zusätzlich zur mittleren Ventiltemperatur $T_{AV,m}$ lassen sich somit Aussagen über Verteilung und Maximalwert $T_{AV,max}$ treffen. Bei allen untersuchten Ventilsteuerungsvarianten zeigt sich, dass das zuerst öffnende bzw. das mit stark reduziertem Hub betriebene Auslassventil im Gegensatz zur synchronen Ventilsteuerung deutlich höheren thermischen Belastungen durch das ausströmende Abgas standhalten muss. Infolge des geringeren absoluten Ventilöffnungsquerschnit-

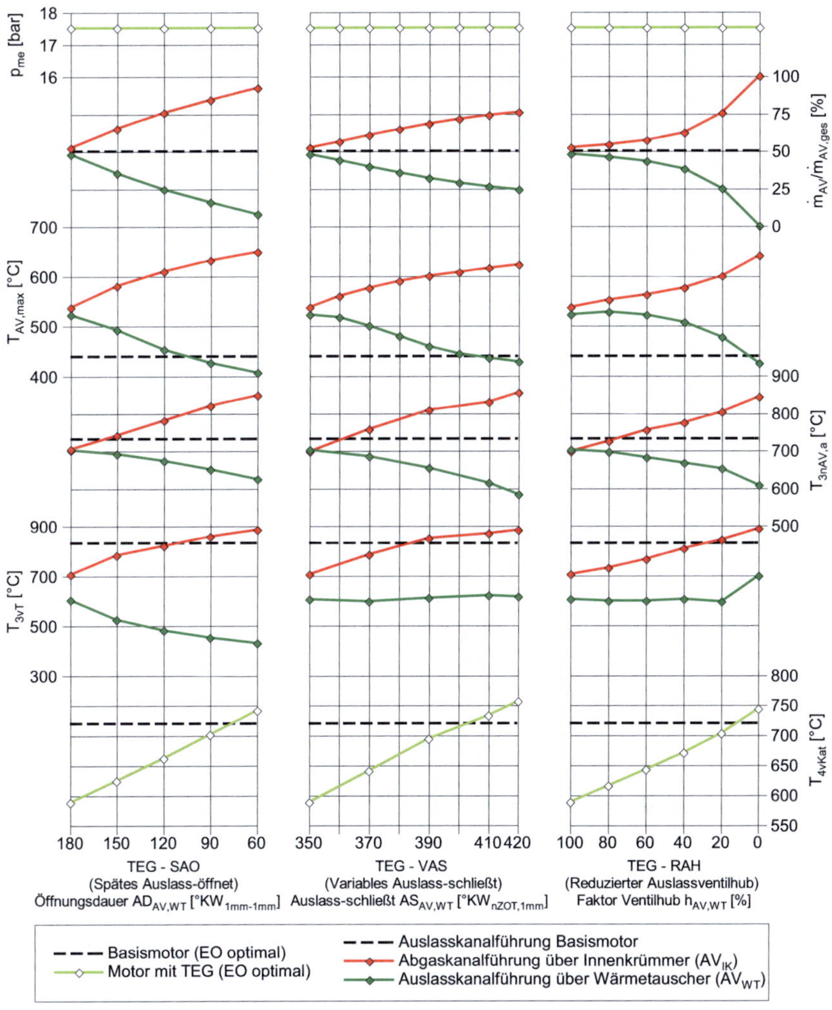

Abb. 78: Bauteilschutz – Asynchrone AV-Steuerung 30 km/h Bergfahrt (sim.)

tes oder des asymmetrisch verteilten Vorauslassstoßes nehmen mittlere Strömungsgeschwindigkeit und somit auch Wärmeübergang am Ventil deutlich zu. In Abhängigkeit der örtlichen Strömungsverhältnisse steigen dadurch vor allem die Bauteiltemperaturen im Bereich der Kalotte und des Ventilschaftes (Abb. 80).

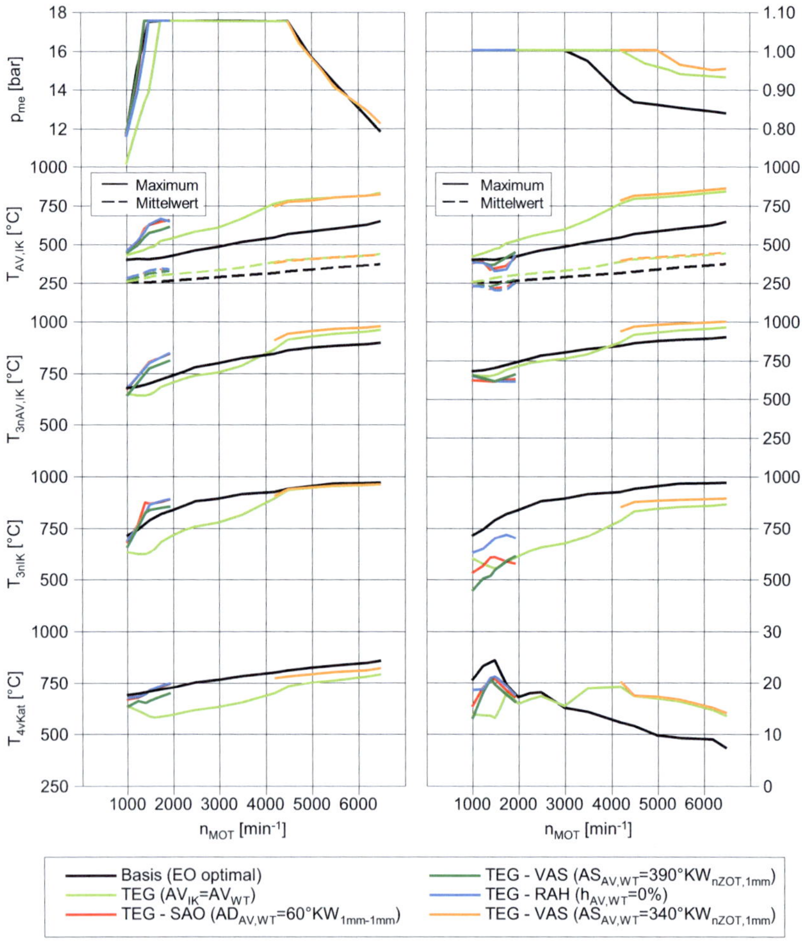

Abb. 79: Bauteilschutz – Volllastlinie (sim.)

Überschreiten diese ein kritisches Niveau, so muss mit erhöhter Klopfneigung, Materialüberhitzung und Ventilschädigung (Heißrissbildung, Heißkorrosion) gerechnet werden [Pis02]. Die kritische Bauteiltemperatur für die am Versuchsmotor eingesetzten Auslassventile beträgt etwa 1050°C [Mas09]. Die maximale am wärmetauscherseitigen Auslassventil AV_{WT} auftretende Abgastemperatur $T_{3nAV,WT}$ beträgt 995°C. Infolge der Wärmekapazität des Ventilmaterials sinkt die maximale Bauteiltemperatur

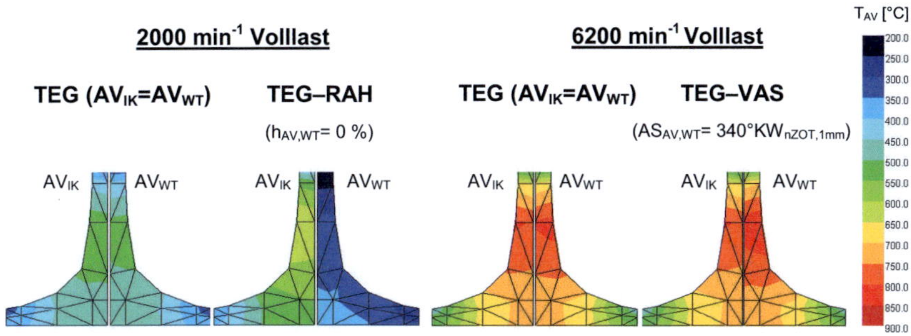

Abb. 80: Bauteilschutz – Einfluss AV_{WT}-Abschaltung (li.) und früheres AV_{WT}-öffnen (re.) (sim.)

$T_{AV,WT,max}$ gemäß der FEM-Simulation auf unkritische 857°C. Ein Wechsel zu Auslassventilen mit höherer Temperaturstabilität, wie etwa aus innermetallischen Verbindungen (z.B. TiAl) oder Keramiken (z.B. Si_3N_4), ist deshalb bei diesen Untersuchungen nicht notwendig [Geb02].

Ein vollständig geschlossenes Auslassventil (RAH $h_{AV,WT}$=0%) wird durch die gut wärmeleitenden und kühlmittelgekühlten Sitzringe im Bereich der Sitzringpanzerung ausreichend gekühlt. Allerdings steigt der Wärmeeintrag in diesem Bereich durch Wärmeleitung vom höher belasteten, geöffneten Auslassventil über die Auslassventilstege. Durch schlechte Wärmeleitung und hohe Wärmekapazität des Ventilmaterials kann weiterhin der Ventilteller des permanent geschlossenen Ventiles im Bereich der Ventilkalotte deutlich schlechter abkühlen. Die Klopfgefahr steigt, da sich infolge der hohen Wärmekapazität diese Stelle im Brennraum auch während der Ladungswechselphase nur relativ langsam abkühlt. Möglichkeiten zur Reduzierung der thermischen Belastungen im asynchronen Betrieb sind unter anderem eine Optimierung der Abgasströmungsführung und Kühlmittelkühlung im Bereich der Auslassventile, eine Erhöhung der Temperaturstabilität der Ventile oder eine Verbesserung der Wärmeabfuhr in Kalotte und Ventilsitz durch alternative Materialien oder Ventilkonstruktionen [Mas09].

8.5.1 Innenkrümmer und Wärmetauscher

Die vorgestellten Ladungswechseluntersuchungen in Kapitel 6.2 und 8.1 zeigen, dass eine gleichmäßige Verteilung der Abgasenthalpie auf die Auslasskanäle zum Innenkrümmer und zum Wärmetauscher nur in Ausnahmefällen zutrifft. Vor allem bei einer asynchronen Auslassventilsteuerung mit spätem Auslass-öffnet (SAO $AD_{AV,WT}$=60°$KW_{1mm-1mm}$) oder Ventilabschaltung (RAH $h_{AV,WT}$=0%) ist die thermische Belastung des Innenkrümmers deutlich größer als die des Abgaswärmetauschers (Abb. 78). Allerdings liegen bei diesen Motorbetriebspunkten (n_{MOT}<3000min^{-1}) sowohl Abgas- als auch Bauteiltemperaturen unterhalb von 950°C und somit im thermisch unkritischen Bereich (Abb. 79, Abb. 80).

Bei Nennleistung hingegen kann ein frühes wärmetauscherseitiges Auslass-schließt (VAS $AS_{AV,WT}$=340°$KW_{nZOT,1mm}$) gegenüber einer synchronen Auslassventilsteuerung den Abgasenthapiestromanteil des Innenkrümmers absenken. Dadurch besteht die Möglichkeit entweder die Abgastemperatur und somit auch die Bauteilbelastung weiter abzusenken oder die Kraftstoffanreicherung nochmals zu reduzieren (Kapitel 8.1.1). Aufgrund der nach wie vor hohen Abgastemperaturen im Eintrittsbereich von Innenkrümmer und Wärmetauscher ist ein Materialwechsel allerdings nicht möglich. Da der Innenkrümmer, im Gegensatz zum Serienkrümmer, keine tragende Funktion mehr hat, kann stattdessen seine Wandstärke und somit kostenintensives Material und Systemgewicht reduziert werden. Die bereits bei den Katalysatorwarmläufen (Kapitel 8.3.1) diskutierte isolierende keramische Oberflächenbeschichtung kann ebenfalls zur Begrenzung des Wärmeeintrages in das Krümmermaterial beitragen. Durch eine reduzierte Abgaskühlung im Innenkrümmer steigen allerdings auch die Abgastemperatur am krümmerseitigen Turbineneintritt und folglich auch die bauteilschutzbedingte Kraftstoffanreicherung wieder an.

Abgasturbolader (Turbinengehäuse, Turbinenrad)

Die asymmetrische Durchsatz- und Temperaturbeaufschlagung des Twinscrollladers führt, unabhängig von der Art der Auslassventilsteuerung, zu einer inhomogenen thermischen Belastung von Turbinengehäuse und Turbinenrad. Im stationären Betrieb und bei synchroner Auslassventilsteuerung beträgt die maximale Abgastemperaturdifferenz am Turbineneintritt (T_{3nIK}-T_{3nWT}) moderate 50 bis 100 Kelvin. Im Gegensatz dazu steigt bei asynchroner Auslassventilsteuerung die Differenz auf bis zu 300 Kelvin (Abb. 79). Instationäre Prüfstandsuntersuchungen bestätigen, dass diese Temperaturinhomogenität im dynamischen Motorbetrieb und während der Katalysatorheizphase kurzzeitig über 300 Kelvin ansteigt. Infolge der zu den ungleichmäßigen Abgastemperaturen korrelierenden Strömungsverhältnissen und Wärmeübergangskoeffizienten, wird der inhomogene Wärmeeintrag in die Gehäusewand weiter verstärkt. Vor allem im Bereich von Trennwand und im Turbinenrad nimmt die thermische Belastung gegenüber einer homogenen Beaufschlagung deutlich zu und die Gefahr von Bauteilschäden durch plastische Verformungen und Spannungsrisse steigt zunehmend. Durch eine Anpassung von Turbinengehäusegeometrie (Wandstärke) und Strömungsführung beider Fluten an die inhomogene Temperatur- und Durchsatzbeaufschlagung des TEG-Wärmetauscherverbundes kann bei Bedarf die thermische Belastung des Turbinengehäuses reduziert werden [Sch08, Eis11].

Im Gegensatz zum Turbinengehäuse wird in dieser Arbeit, infolge der guten Durchmischung beider Abgasenthalpieströme im Eintrittsbereich des schnelldrehenden Turbinenrades (n_{ATL}>150000 min^{-1}), keine thermisch kritische Mehrbelastung des Turbinenrades selbst oder des Hitzeschildes erwartet. Zur Überprüfung dieser im Vorfeld der Untersuchungen aufgestellten These, wurde nach Abschluss der stationären und transienten Untersuchungen am HiL-Motorprüfstand sowohl Turbinengehäuse als auch Turbinenrad einer genauen Überprüfung unterzogen. Dabei konnten keine Schäden, wie Deformation oder Rissbildung, infolge thermischer Überbelastung festgestellt werden. Für eine sichere Beurteilung der Langzeitstabilität bei thermisch inhomogener Beaufschlagung bedarf es allerdings umfangreicher CFD- und FEM-Analysen in Verbindung mit entsprechenden Dauerlaufversuchen. Diese sind aber kein Bestandteil der vorliegenden Arbeit.

Katalysator

Die Edelmetalloberfläche limitiert im Dreiwegekatalysator die maximale Abgastemperatur bei Dauerbetrieb auf etwa 850°C [Bos05]. Wird diese Grenztemperatur überschritten, so sind bereits nach wenigen Stunden signifikante Alterungseffekte nachweisbar. Dabei kommt es auch ohne die Präsenz von Katalysatorgiften zur Reduzierung der katalytischen Oberfläche infolge von Substratabschmelzung oder Clusterbildung der katalytisch wirkenden Edelmetalle. Infolge der irreparablen Schädigung reduziert sich zwangsweise auch die Reinigungseffizienz des Katalysators [Bos05, Nis09]. Im Gegensatz zum Basismotor, wird beim Einsatz eines TEG-Wärmetauschers das kritische Temperaturniveau von 850°C nicht erreicht. Die Abgastemperatur am Katalysatoreintritt T_{4vKat} beträgt im Nennleistungsbereich maximal 755°C (Abb. 79).

8.6 Fahrzyklen

Die konstruktiven und regelungstechnischen Einschränkungen des Versuchsmotors (Kapitel 4.1) lassen keinen grundlegenden Vergleich der durchgeführten Fahrzyklen (Abb. 82, Abb. 83) mit Basiskrümmer und TEG zu. Neben dem konstant spätem Einlassbeginn (EO spät), ist vor allem die zu große Turbine (DF_T=100%) des verwendeten Twinscrollladers beim TEG-Motorbetrieb von deutlichem Nachteil. Aufgrund des dadurch verzögerten Ladedruckaufbaus wird die Einhaltung der vorgeschriebenen Geschwindigkeitsprofile nur durch einen wesentlich höheren Kraftstoffverbrauch erreicht (Abb. 81/links). Im Fall der Autobahnfahrt führt allerdings der überwiegend mittlere Teillastbetrieb auch beim verwendeten Twinscrolllader zu einem solch hohen Ladedruck, dass der Verbrauch mit dem des Basismotors vergleichbar ist. Dabei zeigt sich, dass mit TEG (TEM Typ B) und synchroner Auslassventilsteuerung der Kraftstoffverbrauch unter diesen Betriebsbedingungen um 1,0 Prozent gesenkt wird.

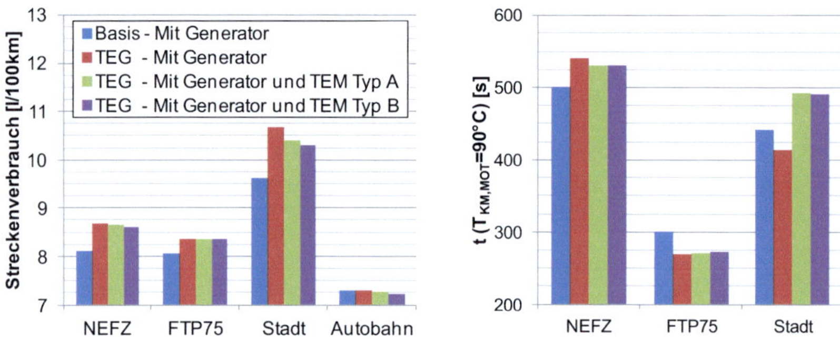

Abb. 81: Fahrzyklen - Streckenkraftstoffverbrauch (li.) und Warmlaufdauer (re.) (mess.)

Die unterschiedlichen Motorbelastungen wirken sich auch auf die Dauer des Warmlaufes bei kalt gestarteten Fahrzyklen aus. Eine genaue Analyse der Messwerte ergibt (Abb. 82, Abb. 83), dass beim TEG die temporär auftretenden Kühlmitteltemperaturgradienten vor allem auf den höheren Motorleistungsbedarf und die damit korrelierenden Wandwärmeverluste während der Beschleunigungsphasen zurückzuführen ist. Ein Vergleich der Warmlaufdauer zwischen den Messungen mit Basiskrümmer und TEG ist deshalb ebenfalls nicht möglich (Abb. 81/rechts).

Ausgehend von den aufgeführten, grundlegenden Unterschieden zwischen dem Motorbetrieb mit Basiskrümmer und TEG, werden in dieser Arbeit nur die Motormessungen mit eingebautem TEG-Wärmetauscherverbund untereinander verglichen.
Für jeden Fahrzyklus wurden am HiL-Prüfstand mehrere Möglichkeiten der Bordnetzversorgung untersucht. Entweder stellt dabei der riemengetriebene Generator allein oder gemeinsam mit dem TEG (TEM Typ A oder B) den Energiebedarf der elektrischen Verbraucher sicher. Weitere Messungen ohne Generatorbelastung im HiL-Modell des Motorprüfstandes dienen zur Quantifizierung des Anteiles der Bordnetzversorgung am Kraftstoffverbrauch.

Tab. 20: Fahrzyklen - Einfluss TEG-Wärmetauscher auf Energiebilanz, kumuliert (mess.)

		NEFZ	FTP75	Stadt	Autobahn
Zugeführte chemische Energie	MJ	29,1	45,6	31,9	72,6
Mechanisch umgesetzte chemische Energie	MJ	5,5	9,4	6,2	21,3
	%	19	21	19	29
Verfügbare Abgasexergie nach den Auslassventilen (T_{ref}=T_0)	MJ	7,5	12,2	6,8	27,7
	%	26	27	21	38
Über TEG-Abgaswärmetauscher abgeführter Anteil der verfügbaren Abgasexergie (T_{ref}=T_0)	MJ	2,5	4,0	2,7	8,9
	%	34	33	39	32
Über TEG-Kühler abgeführter Anteil der verfügbaren Abgasexergie (T_{ref}=T_0)	MJ	0,6	3,2	1,2	6,3
	%	9	26	17	23
Thermoelektrisch rekuperierte Energie (TE-Modul Typ B)	kJ	80	146	102	210
Durchschnittliche Effizienz der thermoelektrischen Abgasenergierekuperation (TE-Modul Typ B)	%	3,2	3,7	3,8	2,4
Elektrischer Energiebedarf des Bordnetzes	kJ	346	524	812	471
Anteil TEG an Bordnetzversorgung (TE-Modul Typ B)	%	23	28	13	45

In Tabelle 19 wird die kumulierte Energiebilanz der gemessenen Fahrzyklen exemplarisch für einen mit Modulen vom Typ B ausgestatteten TEG-Wärmetauscherverbund aufgestellt. Es zeigt sich, dass vom eingesetzten Kraftstoff durchschnittlich nur 20 Prozent, bei der Autobahnfahrt 29 Prozent, in mechanische Leistung umge-

setzt wird. Der Anteil der Abgasexergie (T_{ref}=T_0=25°C) beträgt bei den gesetzlich definierten Fahrzyklen (NEFZ, FTP75) etwa ein Viertel der Kraftstoffenergie. Die betriebsbedingt niedrigen Abgastemperaturen führen bei der Stadtfahrt zu einem Absinken der Abgasexergie auf 21 Prozent. Bei der Autobahnfahrt befindet sich der Motor fast ausschließlich im mittleren Teillastbetrieb. Das steigert sowohl die Motoreffizienz als auch die für eine thermoelektrische Rekuperation nutzbare Abgasexergie.
Im TEG-Wärmetauscherverbund werden dem Abgas etwa 32 bis 39 Prozent der verfügbaren thermischen Exergie entzogen. Nur etwa 9 bis 26 Prozent führt der TEG-Kühler an den Motorkühlkreislauf ab. Der restliche Anteil dient der Erwärmung von Innenkrümmer und Wärmetauscherverbund oder wird über Konvektion an die Umwelt bzw. Wärmeleitung an die angeflanschten Bauteile (Zylinderkopf, Turbinengehäuse) abgegeben. Die thermoelektrischen Module des TEG rekuperieren bereits während der Warmlaufphase die Abgasenergie. Unabhängig von der Kühlerdurchströmung werden so etwa 2,4 bis 3,8 Prozent der im Abgaswärmetauscher abgeführten Abgasexergie thermoelektrisch zurückgewonnen. Vergleicht man den kumulierten Energiebedarf der Bordnetzverbraucher mit der thermoelektrisch rekuperierten Energie, so beträgt die Generatorentlastung zwischen 13 und 45 Prozent.
Anhand der zeitlichen Verläufe (Abb. 82, Abb. 83) der thermoelektrisch generierten Leistung ist zu erkennen, dass die rekuperierte Leistung $P_{el,TEG}$ nahezu ausschließlich unterhalb des Bordnetzbedarfs liegt und der Generator $P_{el,GEN}$ nach wie vor permanent belastet wird. Ein elektrischer Zwischenspeicher wäre nur einmal für die Dauer von 35 Sekunden während der Autobahnfahrt erforderlich. Da aber die generierte Leistung nur minimal über der Bordnetzauslastung liegt und die Leistungsamplituden durch die Wärmekapazität des Wärmetauschers sehr gedämpft sind, kann der im Bordnetz integrierte Bleiakkumulator dieses Überangebot an elektrischer Energie problemlos zwischenspeichern. Es besteht daher kein Bedarf für einen zyklenfesten Zwischenspeicher, wie beispielsweise ein alternativer Batterietyp oder ein zusätzlicher Kondensator (Kapitel 5.2.5). Eine aktive Abschaltung bzw. elektronische Drosselung der thermoelektrischen Rekuperation ist somit erst bei langen Autobahnfahrten mit hohen Geschwindigkeiten notwendig, da dann die Batterie einen Ladezustand von 100 Prozent erreichen kann.

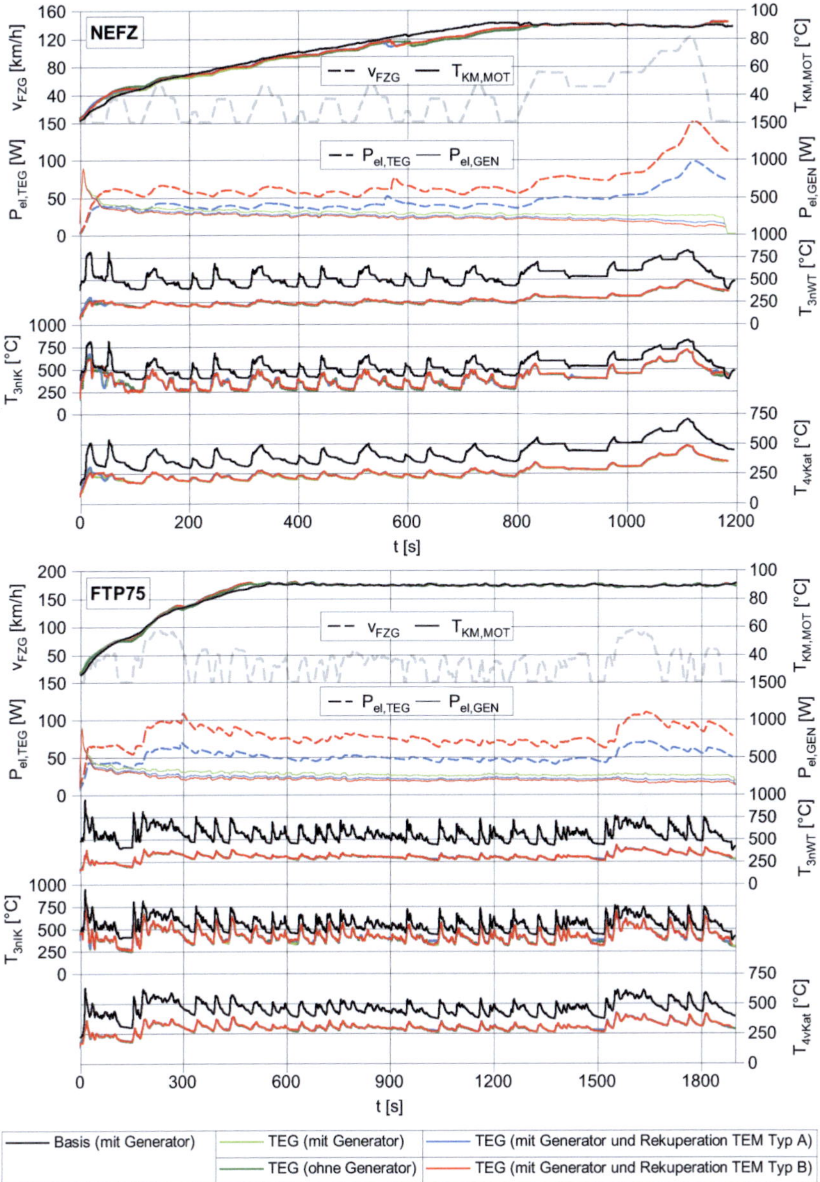

Abb. 82: Fahrzyklen NEFZ (oben) und FTP75 (unten) (EO spät, mess.)

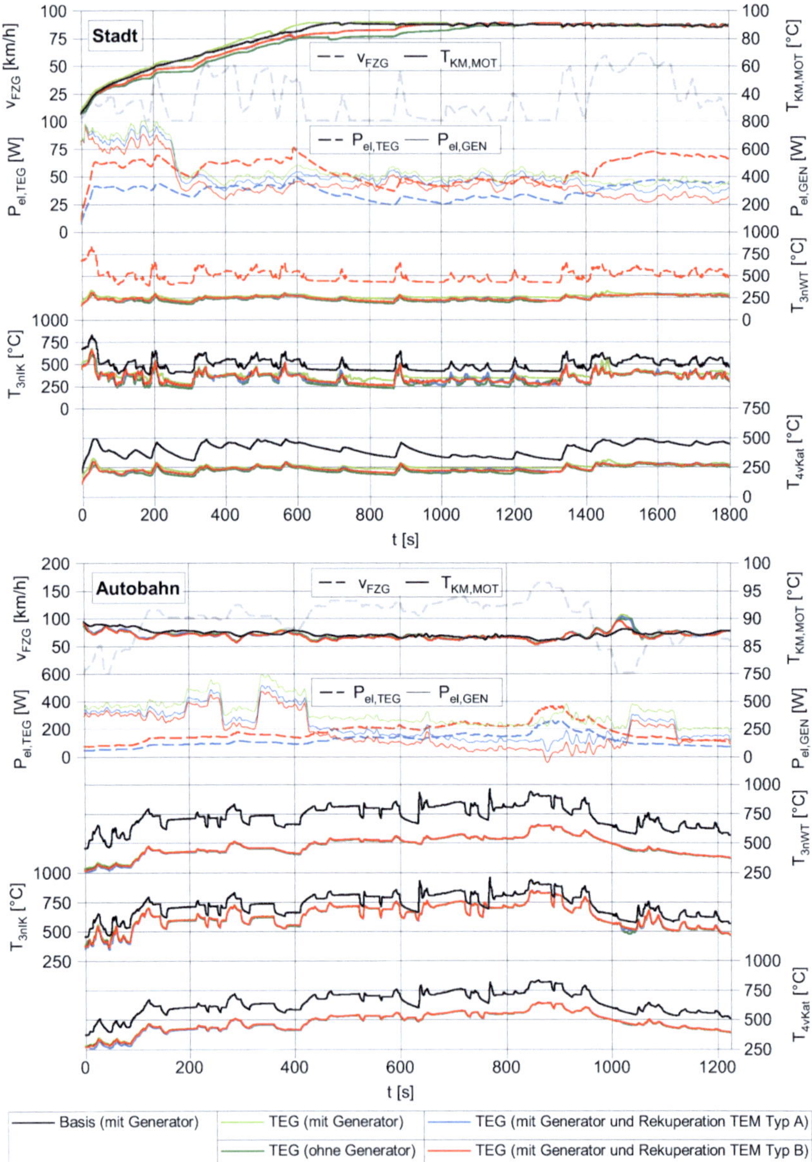

Abb. 83: Fahrzyklen Stadt (oben) und Autobahn (unten) (EO spät, mess.)

Wie bereits bei den Untersuchungen zum stationären Teillastbetrieb erläutert (Kapitel 8.1.2), beeinflusst in Abhängigkeit von Motorbetriebspunkt und Bordnetzauslastung bereits eine geringe Generatorentlastung den Kraftstoffverbrauch deutlich. Das bestätigen auch die Zyklusverbräuche, bei denen der TEG etwa ein Drittel der Bordnetzversorgung übernimmt (Abb. 84/links). Vor allem bei Fahrzyklen mit hohem Anteil an Motorleerlaufphasen und niedrigem Teillastbetrieb, führt der schlechte Motorwirkungsgrad zu einer ungünstigen Wirkungsgradkette bei der konventionellen Stromerzeugung (Stadt, NEFZ). Ist der Energiebedarf des Bordnetzes sehr hoch, so steigt auch der Anteil der Bordnetzversorgung am Gesamtverbrauch. Eine geringe Entlastung des Generators durch den TEG spiegelt sich trotz moderater Verschlechterung der Motoreffizienz (Betriebspunktverschiebung in Richtung Niedriglast) in einem niedrigeren absoluten Kraftstoffverbrauch wieder. Wird der Motor hingegen bei mittlerer Teillast betrieben (FTP75, Autobahn), so nimmt auch der Anteil des Generatorantriebes am Gesamtverbrauch ab. Eine vollständige Entlastung des Bordnetzes führt beispielsweise bei der Autobahnfahrt nur noch zu einer Verbrauchsreduzierung von maximal 1,7 Prozent. Durch ein TE-Modul mit der Charakteristik vom Typ B, kann immerhin noch 1,0 Prozent eingespart werden. Wie in Abbildung 84 (links) dargestellt, müssen dafür durchschnittlich 155 Watt thermoelektrisch generiert werden.

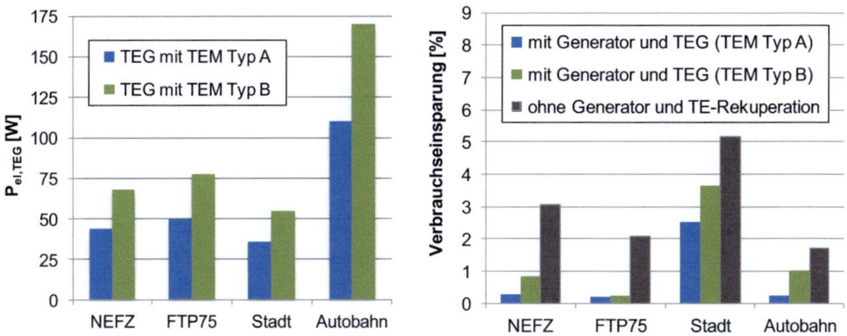

Abb. 84: Fahrzyklen – Mittelwert $P_{el,TEG}$ (li.) und Verbrauchseinfluss (re.) eines TEG-WT (mess.)

Bei den untersuchten Fahrzyklen führt eine Entlastung des riemengetriebenen Generators um 100 Watt elektrische Leistung zu einer durchschnittlichen Verbrauchseinsparung von 0,7 Prozent. Das entspricht einer Einsparung von etwa 0,07 l/100km beim Versuchsfahrzeug. Die maximal durch den TEG rekuperierte elektrische Leis-

tung beträgt 358 Watt und wird während der Autobahnfahrt bei einer Geschwindigkeit von 160 km/h generiert. Bei einer zu diesem Zeitpunkt gemessenen maximalen Modultemperatur von 380°C, liegt die mittlere Temperaturdifferenz ($T_{TEM,H}$-$T_{TEM,K}$) über den Modulen durchschnittlich bei 50 Kelvin. Unter den Aspekten, dass die Temperaturbeständigkeit der thermoelektrischen Module mindestens 700°C betragen muss (Volllastbetrieb, Kapitel 7.2.2) und die maximale Effizienz eine deutlich höhere Temperaturdifferenz als 50 Kelvin erfordert (Kapitel 4.3.1), werden die Module im realen Fahrbetrieb weder thermisch noch thermoelektrisch ausgelastet.
Unabhängig von der Moduleffizienz wirkt sich der permanent durchströmte TEG-Wärmetauscher besonders deutlich auf die Katalysatortemperatur bei niedriger Motorbelastung aus. Insbesondere beim NEFZ und der Stadtfahrt wird deshalb die zur katalytischen Reaktion erforderliche Temperaturschwelle von T_{4vKat}=250°C in weiten Bereichen unterschritten. Dieser signifikante Nachteil des TEG-Wärmetauschers ist im Wesentlichen auf die synchrone Auslassventilsteuerung zurückzuführen. Wie bereits bei den Untersuchungen zum Motorleerlauf und stationären Teillastbetrieb diskutiert (Kapitel 8.1.2), kann dieses Problem durch eine Reduzierung der Wärmetauscherdurchströmung mittels asynchroner Auslassventilsteuerung relativ verbrauchsneutral gelöst werden.

8.7 Fazit der vergleichenden Untersuchungen

Alle untersuchten asynchronen Steuerzeitstrategien verbessern gegenüber einer synchronen Auslassventilsteuerung sowohl das Low-end-torque als auch den dynamischen Mitteldruckaufbau. Die Referenzwerte des Basismotors können im stationären Betrieb erreicht werden. Im instationären Betrieb hingegen weist der Verbrennungsmotor mit TEG-Wärmetauscher vor allem bei Fahrzeugbeschleunigung und Katalysatorheizdauer Defizite gegenüber dem Basismotor auf (Tab. 21).
Wesentliche Ursache dafür sind die signifikanten Rückwirkungen auf Aufladung und den Verbrennungsprozess (Ladungswechselverluste etc.), die durch die asynchrone Auslassventilsteuerung und den motornahen Abgaswärmetauscher hervorgerufen werden. Ab einer Motordrehzahl von 2000 min^{-1} steigen die Verluste bei Volllastbetrieb so stark an, dass ein Erreichen der Verbrauchswerte des Basismotors nur durch ein Umschalten auf eine synchron öffnende Auslassventilsteuerung möglich ist.

Tab. 21: Motorperformance mit TEG und Auslassventilsteuerung gegenüber Serienstand

Variante Auslassventil-steuerung (Maximalstellung)	**synchrone Auslass-ventilsteue-rung** 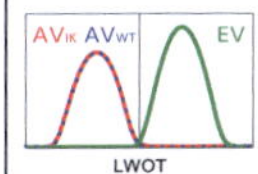	**Variante SAO** (spätes Aus-lass-öffnet) 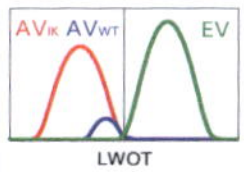	**Variante VAS** (variables Auslass-schließt) 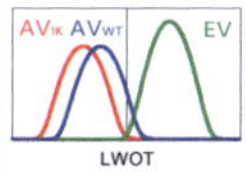	**Variante RAH** (reduzierter Auslass-ventilhub) 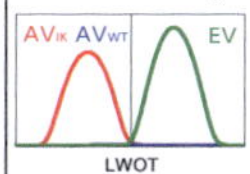	**Variante SAO + VAS** 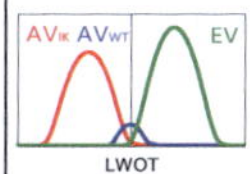
Low-end-torque des Serienmotors	wird nicht erreicht	wird teilweise erreicht	wird erreicht	wird nicht erreicht	wird erreicht
Nennleistung des Serienmotors	wird erreicht	wird nicht erreicht	wird nicht erreicht	wird nicht erreicht	wird nicht erreicht
Motorresponse n_{MOT}=1400 min^{-1} $p_{me,Start}$=2,0 bar $p_{me,t90}$=15,75 bar	nicht ver-gleichbar, da $p_{me,max}$ zu gering	Faktor 1,4 langsamer als Serie	Faktor 1,6 langsamer als Serie	nicht ver-gleichbar, da $p_{me,max}$ zu gering	Faktor 1,03 schneller als Serie
Elastizität 80-120 km/h im 5. Gang	Faktor 1,09 langsamer als Serie	Faktor 1,08 langsamer als Serie	Faktor 1,09 langsamer als Serie	Faktor 1,08 langsamer als Serie	Faktor 1,12 langsamer als Serie
Auslastung Kühl-system bei 30 km/h-Bergfahrt	nicht ver-gleichbar, da $p_{me,max}$ zu gering	unkritisch	deutliche Auslastung	unkritisch	unkritisch
Thermischer Bauteilschutz bei Low-end-torque	nicht ver-gleichbar, da $p_{me,max}$ zu gering	unkritisch	unkritisch	unkritisch	unkritisch
Dauer Katalysator-Light-off (T_{4vKat}=250°C)	Faktor 6,1 langsamer als Serie	Faktor 3,2 langsamer als Serie	Faktor 3,5 langsamer als Serie	Faktor 2,7 langsamer als Serie	Faktor 3,3 langsamer als Serie
Light-off-Temperatur (T_{4vKat}=250°C) im Motorleerlauf	wird nicht erreicht	wird erreicht	wird erreicht	wird erreicht	wird erreicht

Bewertungsmatrix: Ziel wird erreicht | Ziel wird nur mit Einschränkungen erreicht | Ziel nicht erreicht

Beim aktiven thermischen Bauteilschutz im Volllastbetrieb weist hingegen der TEG-Wärmetauscherverbund deutliche Vorteile gegenüber dem Basiskrümmer auf. Abgaskühlung und synchrone Auslassventilsteuerung ermöglichen im Nennleistungspunkt (n_{MOT}=6200 min^{-1}) eine Anhebung des Kraftstoff-Luft-Verhältnisses von 0,85 auf 0,93. Das entspricht einer Verbrauchsreduzierung um 7,6 Prozent (ohne Berücksichtigung einer Abgasenergierekuperation). Dieser Wert kann durch eine asynchrone Auslassventilsteuerung mit um 10°KW früher öffnenden wärmetauscherseitigen Auslassventilen (VAS $AS_{AV,WT}$=340°$KW_{nZOT,1mm}$) auf 9,0 Prozent noch weiter angehoben werden.

Zusätzlich zum Verbrennungsprozess beeinflusst eine asynchrone Auslassventilsteuerung die thermoelektrisch rekuperierte Leistung bzw. den Grad der Generatorentlastung. Abbildung 85 fasst die am Versuchsmotor (EO spät, DF_T=100%) mit TEG-Wärmetauscher ermittelten Verbrauchseinsparungen für den stationären Teillastbetrieb ($P_{el,Bordnetz}$=300 W) und die untersuchten Fahrzyklen ($m_{TEG,ges}$=21 kg) zusammen. Es zeigt sich, dass durch Wärmeleitung und Strahlung auch bei abgeschaltetem Auslassventil die thermoelektrisch rekuperierte Leistung ($\eta_{Spannungswandler}$=90 %) nur minimal sinkt. Allerdings führt die signifikante Verschlechterung des Ladungswechsels zu einem deutlichen Verbrauchsanstieg, der durch die Generatorentlastung nicht kompensiert werden kann.

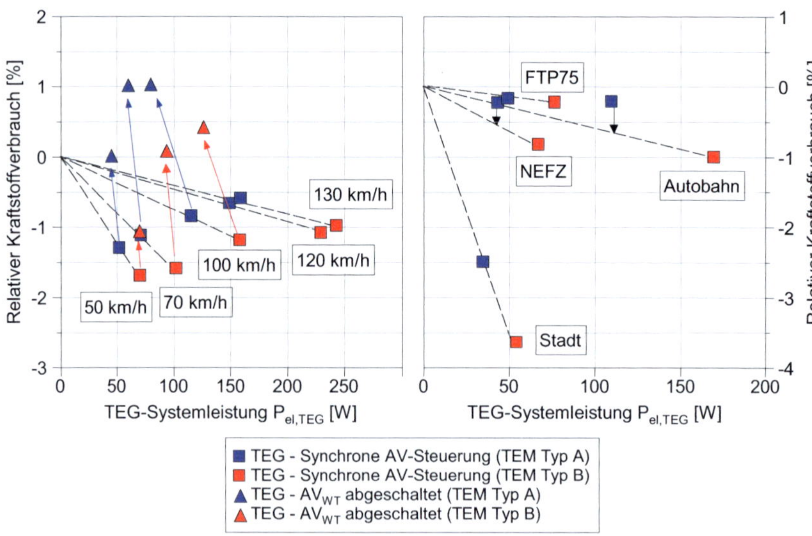

Abb. 85: Einfluss der Auslassventilsteuerung auf Verbrauch und rekuperierte elektrische Leistung (Referenz: TEG-Motor mit Generatorbetrieb ohne TE-Rekuperation) (mess.)

Fazit der vergleichenden Untersuchungen ist, dass durch eine Umschaltmöglichkeit zwischen synchroner und asynchroner Auslassventilsteuerung die Performance des Basismotors, mit Ausnahme der Light-off-Dauer, erreicht wird. In Abhängigkeit vom jeweiligen Motorbetrieb muss allerdings dafür zwischen den folgenden zwei Ventilerhebungskurven gewechselt werden: synchrones Auslassprofil (AV_{IK}=AV_{WT}) sowie eine Kombination aus spätem Auslass-schließt (VAS $AS_{AV,WT}$=390°$KW_{nZOT,1mm}$) und spätem Auslass-öffnet (SAO $AD_{AV,WT}$=60°$KW_{1mm-1mm}$). Eine konstruktive Umsetzung dieser Umschaltmöglichkeit kann beispielsweise durch ein zweistufiges Schiebenockensystem [Nit10] erfolgen.

Deutliche Vorteile und wesentlich mehr Freiheitsgrade für Motorbetrieb und Thermomanagement bietet die Modifikation des zweifach gestuften Umschaltsystems um die Möglichkeit einer asynchron variablen Auslassventilöffnungsdauer (VAS $AS_{AV,WT}$=340..420°$KW_{nZOT,1mm}$). Eine konstruktive Umsetzung dieser komplexen und erwartungsgemäß kostenintensiven Variabilität ist durch eine Kombination von asynchron verdrehbarer Auslassnockenwelle (asynchrones Phasing) und einer Umschaltmöglichkeit zwischen synchroner Auslassventilhubkurve (AV_{IK}=AV_{WT}) und asynchron spätem Auslass-öffnet (SAO $AD_{AV,WT}$=60°$KW_{1mm-1mm}$) möglich [Wie09, Sch08c].

9 Zusammenfassung und Ausblick

Den überwiegenden Anteil des zugeführten Kraftstoffes gibt ein Verbrennungsmotor über thermische Verluste ungenutzt an die Umwelt ab. Das Abgas als exergiereichste Abwärme wird bisher nur teilweise über die Abgasturboaufladung zurückgewonnen. Ein zweites Rekuperationssystem zur Abgasenergienachnutzung kann den Gesamtwirkungsgrad des Motors weiter steigern. Bei motornaher Integration bietet es zudem die Möglichkeit zur Anhebung der Systemeffizienz infolge von Synergieeffekten. Dazu gehört beispielsweise der verbesserte thermische Bauteilschutz abgasführender Komponenten aufgrund der impliziten Kühlung einer thermischen Rekuperation.

Ein in dieser Arbeit verfolgter Ansatz zur umfangreicheren Abgasenergierekuperation ist die motornahe Integration eines thermoelektrischen Generators (TEG) in einem Abgas-Kühlmittel-Wärmetauscherverbund vor dem Abgasturbolader. Wesentliche Zielstellung dabei war die Steigerung der Systemeffizienz von Verbrennungsmotor und Bordnetz, indem der TEG thermische Abgasenergie in elektrische Energie wandelt und somit den riemengetriebenen Generator zur Bordnetzversorgung entlastet. Ein weiterer Schwerpunkt der Arbeit bestand darin, dass die implizierte Abgaskühlung eines motornah angeordneten Wärmetauscherverbundes die thermische Belastung von Abgasturbolader und Katalysator signifikant reduziert und somit weitestgehend auf die konventionelle verbrauchsintensive Kraftstoffanreicherung zum Bauteilschutz verzichtet werden kann.

Zur Gewährleistung einer zum Basismotor mit Zündfolgekrümmer und Monoscrolllader vergleichbaren Motorperformance (Low-end-torque, Nennleistung, Motorresponse, Elastizität, Kaltstartverhalten) ist dafür allerdings eine geregelte Aufteilung des verfügbaren Abgasenergiestromes auf Abgaswärmetauscher und einem als Innenkrümmer ausgeführten Wärmetauscherbypass erforderlich. Als Stellgröße zur Strömungsverteilung wird in dieser Arbeit anstelle zusätzlicher Abgasklappen und -ventile eine asynchrone Steuerung der wärmetauscherseitigen Auslassventile favorisiert.

Im Rahmen theoretischer Vorbetrachtungen wurden eine Grenzpotenzialanalyse durchgeführt und die wesentlichen Restriktionen für einen motornah integrierten Abgaswärmetauscher analysiert. Sie stellen die Basis für die anschließend durchgeführte prototypische Auslegung und Konstruktion eines TEG-Wärmetauscherverbundes sowie dessen Integration in Abgasstrang und Kühlkreislauf eines abgasturboaufgeladenen direkteinspritzenden Vierzylinder-Ottomotors dar.

Mittels Motorprozesssimulation in GT-Suite erfolgte für den stationären Volllastbetrieb ein Vergleich verschiedener Abgaskanalführungen mit Mono- sowie symmetrischem und asymmetrischem Twinscrolllader. Es zeigte sich, dass eine Abgaskanalführung mit symmetrischem Twinscrolllader in Kombination mit der für diese Voruntersuchungen vorgegebenen synchronen Auslassventilsteuerung zwar die Nennleistung und das vergleichsweise höchste Low-end-torque, aber nicht die Referenzwerte des Basismotors erreicht. Diese Abgaskanalführung bietet allerdings in Kombination mit einer asynchronen Auslassventilsteuerung das größte Optimierungspotenzial und wurde daher als Grundlage für die weiterführenden Untersuchungen gewählt.

Im Anschluss an eine CFD-gestützte Konstruktion des prototypischen TEG-Wärmetauscherverbundes, wurde dieser in einen Versuchsmotor mit festen Ein- und Auslassventilsteuerzeiten (spätes Einlass-öffnet) integriert. Die Motorbelastung erfolgte über eine Hardware-in-the-Loop-Prüfstandsregelung mit entsprechend angepasster Fahrer-Fahrzeug-Modellumgebung. Diese erlaubte die Durchführung stationärer Teil- und Volllastmessungen sowie instationärer Warmlauf-, Response-, Elastizitäts- und Fahrzyklenuntersuchungen. Die Messergebnisse dienten im Wesentlichen zur Validierung der Motorprozess- und CFD-Wärmetauscherverbund-Modelle, mit denen drei asynchrone Steuerstrategien der wärmetauscherseitigen Auslassventile AV_{WT} hinsichtlich ihres Optimierungspotenzials untersucht wurden:

- Spätes Auslass-öffnet (Variante TEG-SAO)
- Variables Auslass-schließt (Variante TEG-VAS)
- Reduzierter Auslassventilhub inklusive Ventilabschaltung (Variante TEG-RAH)

Es zeigte sich, dass bei einer einfachen Ventilabschaltung das Low-end-torque gegenüber einer synchronen Auslassventilsteuerung zwar verbessert, die Performancewerte des Basismotors aber nach wie vor nicht erreicht werden. Wesentliche Ursachen dafür sind die hohen Ladungswechselverluste und die ineffiziente Ungleichbeaufschlagung der Turbine.

Eine sehr gute Motorperformance bis zu einer Drehzahl von 2000 min^{-1} kann durch die Kombination von spätem Auslass-öffnet und spätem Auslass-schließt erreicht werden (Variante SAO+VAS). Geringe Ladungswechselverluste, Nutzung des Vor-

auslassstoßes und reduzierte Wärmetauscherdurchströmung ermöglichen einen zum Basismotor vergleichbaren stationären und transienten Betrieb.
Steigende Ladungswechselverluste bedingen allerdings bei höheren Lasten und Motordrehzahlen eine umfangreiche Durchströmung des Wärmetauschers. Dies kann entweder durch eine synchrone oder eine asynchrone Auslassventilsteuerung mit früher öffnenden wärmetauscherseitigen Auslassventilen erreicht werden. Letztere führt wiederum zu signifikanten thermischen Belastungen der Auslassventile. Die Abgaskühlung im TEG-Wärmetauscher kann die Volllastanreicherung zum thermischen Bauteilschutz gegenüber dem Basismotor um bis zu 9,0 Prozent reduzieren. Die abzuführende Kühlleistung des Motors mit TEG steigt dadurch um 5 Prozent.
Die Performancewerte der thermoelektrischen Referenzmodule lassen bei 120 km/h eine rekuperierte elektrische Leistung von über 200 Watt und bei Nennleistung von etwa 1,1 Kilowatt erwarten. Die maximale Modultemperatur beträgt etwa 700°C. Die in dieser Arbeit ermittelte Entlastung des riemengetriebenen Generators durch den TEG reduziert den Kraftstoffverbrauch zwischen 0,5 und 3,5 Prozent.
Fazit aller durchgeführten Untersuchungen ist, dass eine motornahe thermoelektrische Abgasenergierekuperation an einem abgasturboaufgeladenen Ottomotor mit asynchron variabler Auslassventilsteuerung ohne wesentliche Beeinträchtigung der Motorperformance durchaus möglich ist. Sowohl die Generatorentlastung, bei entsprechender thermoelektrischer Moduleffizienz, als auch die reduzierte Kraftstoffkühlung, durch verbesserten thermischen Bauteilschutz, ermöglichen eine signifikante Verbrauchseinsparung. Die Realisierung ist allerdings mit einem hohen regelungstechnischen und konstruktiven Aufwand verbunden.
Im Zuge weiterführender Arbeiten ist das Potenzial des TEG-Wärmetauscherverbundes in Kombination mit einer mehr oder minder komplexen Ventiltriebvariabilität und einer angepassten Turbinenspezifikation im stationären und transienten Motorbetrieb zu untersuchen. In diesem Zusammenhang ist eine über die Light-off-Temperatur hinausgehende Analyse der Emissionen sinnvoll. Weiterhin ist zur Verbesserung des Kaltstart- und Responseverhaltens eine Reduzierung der abgasbeaufschlagten Oberfläche des Innenkrümmers notwendig. Eine diesbezüglich optimierte und beispielsweise per Hydroforming gefertigte Abgaskanalführung bietet dafür ein hohes Potenzial.

10 Literaturverzeichnis

[Ang71] Angrist, S. W.: Direct energy conversion. Boston: Allyn and Bacon Inc. 1971

[Aud08] Audi (2008): Technische Daten Audi A4 1.8 TFSI. URL: http://www.au di.de/etc/medialib/ngw/product/used_cars/a4/pdf/a4b7.Par.0087.File.pdf/ 2008_03_a4_b7_18tfsi.pdf - Download 06.01.2011

[Bae09] Bähr, H. D.; Kabelac, S.: Thermodynamik. 14. Auflage, Berlin: Springer 2009

[Ban01] Banhart, J.: Manufacture, characterisation and application of cellular metals and metal foams. In: Progress in Materials Science Jg. 2001, Heft 46, S.559-632

[Bar01] Barnard, R. H.: Road vehicle aerodynamic design, 2. Auflage, St Albans: Mechaero Publishing 2001

[Bas08] Basshysen, R. v. (Hrsg.):Ottomotor mit Direkteinspritzung - Verfahren, Systeme, Entwicklung, Potenzial. 2. Auflage, Wiesbaden: Vieweg & Teubner 2008

[Bau03] Baumgarten, H.: Untersuchungen an Abgassystemen zur Emissionsminderung bei Pkw-Ottomotoren. Dissertation, RWTH Aachen, 2003

[Bec00] Bechmann, O.: Untersuchungen zur Ablagerung von Rußpartikeln aus dem Abgas von Dieselmotoren. Dissertation, Universität Hannover, 2000

[Ber03] Berndt, R.; Grigoriadis, P.; Nickel, J.; Hagelstein, D.: Erweiterte Darstellung und Extrapolation von Turbolader-Kennfeldern als Randbedingungen der Motorprozesssimulation. Abschlussbericht über das Vorhaben Nr. 755. FVV (Hrsg.), 2003

[Ber09] Bernard, L.; Ferrari, A.; Micelli, D.; Perotto, A.; Rinolfi, R.; Vattaneo, F.: Elektrohydraulische Ventilsteuerung mit dem "MultiAir"-Verfahren. In: Motortechnische Zeitschrift (MTZ) Jg.70/2009, Heft 12

[Ber98] Bergles, A. Handbook of Heat Transfer. 3. Auflage, New York: McGraw-Hill 1998

[Bjoe10] Björnsson, H.; Johansson, L.; Kunde, O.: World first turbo system with integrated sheet metal turbine-manifold for the new 2.0 GTDI engine. 15. Aufladetechnische Konferenz, Dresden 2010

[Boe08] Böhme, J.; Jung, M.; Fröhlich, G.; Pfannerer, D.; Märkle, T.; Felsmann, C.: Der neue 1,8-l-Vierzylinder-T-FSI-Motor von Audi - Teil 1: Konstruktion und Mechanik. In: Motortechnische Zeitschrift (MTZ) Jg. 67/2008, Heft 10

[Bos05] Robert Bosch GmbH: Ottomotor-Management. 23. Auflage, Friedr. Vieweg und Sohn 2005

[Bot11] Botian, O.: Aufbau einer echtzeitfähigen HiL-Belastungseinrichtung für Bordnetz und Kühlkreislauf. Studienarbeit, TU Dresden, 2011

[Bri11] Brinkert, N.; Kuhn, T.; Sumser, S.; Weber, S.; Fieweger, K.; Bauer, H.-J.: Modellierung der zweiflutigen Turbine in der Motorprozesssimulation. In: Sens, M.; Wiedemann, B. (Hrsg.): Motorprozesssimulation und Aufladung III, Renningen: Expert 2011, S.88-109

[Bru11] Schutzrecht EP 1957769B1 (25.05.2011); Brueck, R. - Vorrichtung und Verfahren zur thermischen Behandlung eines Abgasstroms

[Bue98] Bürgel, R.: Handbuch Hochtemperatur-Werkstofftechnik. Wiesbaden: Vieweg Technik 1998

[Chu10] Chung, D. L.: Composite Materials - Science and Applications. 2. Auflage, London: Springer 2010

[Dah07] Dahl, A.; Drangel, H.; Lindström, F.; Reinmann, R.:Simulation study based on the 2.0 l Ecotec SIDI turbo engine improving low end torque by exhaust valve deactivation. In: Spicher, U. (Hrsg.): Direkteinspritzung im Ottomotor VI, Renningen: expert 2007

[Deg02] Degischer, H.-P.; Kriszt, B.: Handbook of Cellular Metals: Production, Processing, Applications. Weinheim: Wiley-VCH 2002

[Dud09] Dudenhöffer, F.; John, E.-V.: Warum der offizielle Kraftstoffverbrauch von Neuwagen erheblich von der Realität abweicht. Ökoglobe Insitut - Universität Duisburg-Essen, 2009

[Due02] Düsmann, M.; Salber, W.: Der Weg zur drosselfreien Laststeuerung - Vom Ventilschalter bis zum elektromechanischen Ventiltrieb. In: Pischinger, S. (Hrsg.): Variable Ventilsteuerung: ein Verfahren zur Reduzierung von Kraftstoffverbrauch und Emissionen, Renningen: expert 2002

[Eis11] Eiser, A.; Doerr, J.; Jung, M.; Adam, S.: Der neue 1,8-l-TFSI-Motor von Audi - Teil 1: Grundmotor und Thermomanagement. In: Motortechnische Zeitschrift (MTZ) Jg.72/2011, Heft 06, S. 466-475

[Eis89] Eisfeld, F. (Hrsg.): Keramik im Verbrennungsmotor, Wiesbaden: Friedr. Vieweg& Sohn 1989

[Els85] Elsner, N.: Grundlagen der technischen Thermodynamik. Berlin : Akademie 1985

[Eng79] Engels, B.: Untersuchung über Maßnahmen zur Verbesserung des Betriebsverhaltens abgasturboaufgeladener Verbrennungsmotoren unter besonderer Berücksichtigung der ungleich beaufschlagten Abgasturbine. Schlussbericht Teil 1 zu Vorhaben Nr. 157 und 206. FVV (Hrsg.), 1979

[Eng81] Engels, B.: Untersuchungen zur Verbesserung des Drehmomentverhaltens abgasturboaufgeladener Fahrzeugdieselmotoren. Dissertation, RWTH Aachen, 1981

[EU10] EU (2010): IP/10/752 - Bericht zufolge 14 wichtige mineralische Rohstoffe knapp,
URL: http://europa.eu/rapid/pressReleasesAction.do?reference=
IP/10/752&format=HTML&aged=0&language=DE&guiLanguage=de
- Download 17.06.2010

[Fle97] Fleurial, J.-P.; Caillat, T.; Borshchevsky, A.: Skutterudites: An Update. Proceedings of the XVI International Conference on Thermoelectrics, Dresden, 1997

[Flo10] Floerecke, K.-D.: AGM-Akkus mit großer Zukunft. In: Automobilwoche, Heft 15, 12.06.2010

[Fre08] Freudenreich, S.: "Stromer" fahren noch in 20 Jahren in der Nische. In: VDI Nachrichten Jg. 2008, Heft 32

[Fri10] Friedrich, H.;Schier, M.; Häfele, C.; Weiler, T.: Strom aus Abgasen - Fahrzeuggerechte Entwicklung thermoelektrischer Generatoren. In: Automobiltechnische Zeitschrift (ATZ) Jg. 112/2010, Heft 04, S.292-299

[Fro10] Schutzrecht DE 102008036044A1 (04.02.2010) Froeschl, J.; Mazar, B.; Richter, R. - Thermodynamisches System mit einem Wärmetauscher und einem thermoelektrischen Generator

[Geb02] Gebauer, K.; Segtrop, K. W. A.: Komponenten für den Einsatz in voll variablen Ventiltrieben aus Sicht des Zulieferers. In: Pischinger, S. (Hrsg.): Variable Ventilsteuerung: ein Verfahren zur Reduzierung von Kraftstoffverbrauch und Emissionen, Renningen: expert 2002

[Geb10] Gebauer, M.: Innovative Produkte für bedarfsgerechtes, optimiertes Wärmemanagement. In: Steinberg, P. (Hrsg.): Wärmemanagement des Kraftfahrzeuges IV, Reinningen: expert 2010

[Gol05] Golloch, R.: Downsizing bei Verbrennungsmotoren. Berlin: Springer 2005

[Gol60] Goldsmid, H.: Applications of Thermoelectricity. London: Methuen 1960

[GTI10] Gamma Technologies: GT-SUITE - Engine Performance Application Manual - Version 7.1. 2010

[Hab05] Habermann, K.; Lang, O.; Salber, W.; Wohlberg, R.; Gotter, A.: Ventiltriebsvariabilitäten für aufgeladene Ottomotoren. 10. Aufladetechnische Konferenz, Dresden, 2005

[Hac95] Hack, G.; Indra, F.: Mehrventilmotoren. Stuttgart: Motorbuch 1995

[Har05] Harper, C.: Electronic Packaging and Interconnection Handbook. 5. Auflage, New York: McGraw-Hill 2005

[Hat93] Hatano, K.; Iida, K. H. H. M. S.: Development of a New Multi-Mode Variable Valve Timing Engine. SAE Paper 1993, Heft 930878

[Hei11] Heinich, C.: Analyse von Wärmeleitpasten und -folien für Thermogeneratoren in Abgaswärmetauschern. Studienarbeit, TU Dresden, 2011

[Hel08] Helbig, J.; Höfner, D.; Grigo, M.; Kuhn, M.; Senft, P.: Der neue 1,8-l-Vierzylinder-TFSI-Motor von Audi - Teil 2: Konstruktion Anbauteile und Thermodynamik. In: Motortechnische Zeitschrift (MTZ) Jg. 67/2008, Heft 11

[Hep11] Hepke, G.: Direkte Nutzung von Abgasenthalpie zur Effizienzsteigerung von Kraftfahrzeugen. Dissertation, TU München, 2011

[Her00] Herwig, H.: Wärmeübertragung A-Z: Systematische und ausführliche Erläuterung wichtiger Größen und Konzepte. Berlin: Springer 2000

[Hie03] Hiereth, H., Penninger, P.: Aufladung der Verbrennungskraftmaschine. Wien: Springer 2003

[Hoe06] Hoeltkemeier, K.-U. (2006): Stabil, leicht und kompakt. URL: http://www.konstruktionspraxis.vogel.de/themen/fluidtechnik/hydraulik/articles/136110/ - Download 27.08.2010

[Hof04] Hoffmann, H.: A New Variable Valve Train. In: AutoTechnology Jg. 2004, Heft 04

[Hon09] Hongbo, Y.: Numerische Analyse der Strömungsvorgänge in einem Abgaskrümmer mittels CFD-Simulation und gekoppelter 1D-Motorprozeßrechnung. Studienarbeit, TU Dresden, 2009

[Hon11] Honda (2011): From REV to VTEC. Variable Valve Control System ever evolving. URL: *http://world.honda.com/motorcycle-technology/vtec/p3* .html - Download 12.01.2011

[Huc08] Hucho, W.-H. (Hrsg.): Aerodynamik des Automobils: Strömungsmechanik, Wärmetechnik, Fahrdynamik. Wiesbaden: Vieweg+Teubner 2008

[Jae11] Jänsch, D. (Hrsg.): Thermoelectrics Goes Automotive, Renningen: expert 2011

[Kaj11] Kajikawa, T. (2011): Overview of Thermoelectric Power Generation Technologies in Japan.URL: http://www1.eere.energy.gov/vehiclesandfuels/pdfs/thermoelectrics_app_2011/tuesday/kajikawa.pdf - Download: 28.05.2011

[Kay73] Kays, W.M.; London, A.: Hochleistungswärmeübertrager. Berlin: Akademie 1973

[Kes07] Kessler, F.; Kiesgen: Die neue Vierzylinder-Motorbaureihe aus der BMW/PSA-Kooperation. In: Motortechnische Zeitschrift (MTZ) 68/2007, Heft 07-08, S. 526-537

[Koe11] Köhler, C.: Simulation und Optimierung der thermodynamischen und strömungsmechanischen Verhältnisse innerhalb eines Wärmetauschers für thermoelektrische Generatoren. Studienarbeit, TU Dresden, 2011

[Koe11a] Köhler, C.: CFD-Analyse und Validierung eines motornahen Abgaswärmetauschers mit thermoelektrischen Modulen. Studienarbeit, TU Dresden, 2011

[Kon06] Kondo, N. (2006): Toshiba gigatopaz thermoelectric module. URL: http://museum.toshiba.co.jp/06energy/newtech141.html - Download 13.07.2010

[Kre05] Krebs, R.; Szengel, R.; Middendorf, H.; Fleiß, M.; Laumann, A.; Voeltz, S.: Neuer Ottomotor mit Direkteinspritzung und Doppelaufladung von Volkswagen - Teil 1: Konstruktive Gestaltung. In: Motortechnische Zeitschrift (MTZ) Jg. 66/2005, Heft 11, S. 844-856

[Kru10] Krust, M.: Auslaufmodell NEFZ-Zyklus. In: Automobilwoche Jg. 2010, Heft 16

[Kub10] Kubitz, C.: Numerische Simulation eines Niedertemperaturkühlsystems für aufgeladene Verbrennungsmotoren. Studienarbeit, TU Dresden, 2010

[Kuh09] Schutzrecht DE 102009002596A1 (23.04.2009): Kuhlbach, K. - Verbrennungsmotor mit thermoelektrischem Generator

[Kuh09a] Kuhlbach, K.; Mehring, J.; Borrmann, D.; Friedfeld, R.: Zylinderkopf mit integriertem Abgaskrümmer für Downsizing-Konzepte. In: Motortechnische Zeitschrift (MTZ) Jg. 70/2009, Heft 04

[Kwa03] Schutzrecht US 2003/0223919 A1 (30.05.2002): Kwak, S.; Willner, C. K. G.- Integrated thermoelectric power generator and catalytic converter

[Lad06] Lade, I.: Optimierungsstrategien für den Motor- und Getriebewarmlauf, LMU München, Studienarbeit, 2006

[Mar00] Marquard, R; Sorger, H.: AVL Spectros - Ein Motorenkonzept für Leichtbau und Modulentwicklung. In: Motortechnische Zeitschrift (MTZ) Jg.61/2000, Heft 2, S. 80-87

[Mar07] Marek, R.; Nitsche, K.: Praxis der Wärmeübertragung: Grundlagen, Anwendungen, Übungsaufgaben. München: Carl Hanser 2007

[Mar09] Martin, G.: Variable Ventiltriebe für Verbrennungsmotoren zur Veränderung von Ventilhub und Öffnungsdauer. In: Automobiltechnische Zeitschrift (ATZextra) Jg. 2009, Heft 11

[Mas09] Masset, P. J.; Yankov, R. A.; Kolitsch, A.; Schütze, M.: Comparison of fluorination treatments to improve the high temperature oxidation resistance of TiAl alloys in SO2-containing environments. International Conference on PROCESSING & MANUFACTURING OF ADVANCED MATERIALS (THERMEC 2009), Berlin, 2009

[Mau99] Maus, W.; Brück, R.; Holy, G.: Zukünftige Abgasnachbehandlungstechnologien für Otto-Motoren - Die nächste Generation Niedrigstemissionsfahrzeuge, Motor & Umwelt - Schadstoffemissionen versus CO2, Graz, 1999

[May11] Mayer, H.; Fehrentz, P.: Weiterentwicklung der Berechnungen zum Energieverbrauch und zu den CO2-Emissionen des Straßenverkehrs im Rahmen des NAMEA-Rechenansatzes, Statistisches Bundesamt, 2011

[Maz10] Mazar, B.: Gesamtsystemoptimierung eines thermoelektrischen Generators für eine Fahrzeuggruppe. Dissertation, TU Dresden, 2010

[Mei10] Meisner, G.: Thermoelectric Generator Development for Automotive Waste Heat Recovery. 16thDirections in Engine Efficiency and Emissions Research (DEER) Conference, Detroit Michigan, 2010

[Men93] Menter, F. R.: Zonal Two Equation k-ω Turbulence Models for Aerodynamic Flows, AIAA Paper 93-2906, 1993

[Mer06] Merker, J.-P.; Schwarz, C.; Stiesch, G.; Otto, F.: Verbrennungsmotoren. Simulation der Verbrennung und Schadstoffbildung. 3. Auflage, Wiesbaden: Teubner, 2006

[Mus06] Musiol, J.: Einsatz zellularer metallischer Strukturen im motornahen Abgasstrang zur Reduktion der Kohlenwasserstoff-Emissionen in der Kaltstartphase. Dissertation, Universität Bayreuth, 2006

[Nak93] Nakata, H.; Nagata, T.; Tsuchida, K., Kato, A.: Ceramic electrodes for an alkali metal thermo-electric converter (AMTEC). In: Journal of applied electrochemistry Jg. 1993, Heft 23, S. 1251-1258

[Neu10] Neugebauer, S.; Dub, M.; Schedel, F.; Eder, A.: „Fire and Ice – Wärmemanagment im Zeichen von Efficient Dynamics". 15. Aufladetechnische Konferenz, Dresden, 2010

[Nis09] Nissan: Effizienterer Katalysator trotz halbiertem Edelmetallgewicht. In: Motortechnische Zeitschrift (MTZ) Jg. 70/2009, Heft 02

[Nit10] Nitz, N.; Elendt, H.; Ihlemann, A.; Nendel, A.: Schaeffler Kolloquium - INA Schiebenockensystem-Gerüstet für die Zukunft, Firmenschrift, 2010

[Now07] Nowak, R.: Untersuchungen zum Einfluss eines im Zylinderkopf integrierten Abgaskrümmers auf das Motormanagement. Studienarbeit, TU Dresden, 2007

[Pie00] Pierik, R. J.; Burkhard, J. F.: Design and Development of a Mechanical Variable Valve Actuation System. SAE Paper Jg. 2000, Heft 2000-01-1221

[Pis02] Pischinger, S.(Hrsg.): Variable Ventilsteuerung - Ein Verfahren zur Reduzierung von Kraftstoffverbrauch und Emissionen. Renningen: expert 2002

[Pud10] Pudenz, K. (2010): Mechanisch oder elektrisch: Verbrauch mit kombiniertem Pumpensystem senken. URL:http://www.atzonline.de/index.php; do=show/id=12861/alloc=1 - Download 2011.02.23

[Rau90] Rautenberg, M.: Aufladung von Verbrennungsmotoren – Entwicklung, Regelung und Stand der Technik. Wiesbaden: Springer 1990

[Rei07] Reif, K.: Automobilelektronik: Eine Einführung für Ingenieure. 2. Auflage, Wiesbaden: Vieweg 2007

[Rei08] Reimann, W.; Männel, R.: Verbrauchseinfluss der elektrischen Energie im Fahrzeug, Automobiltechnische Zeitschrift (ATZ elektronik) Jg. 2008, Heft 01, S. 6-11

[Rei08a] Reiser, C.; Zellbeck, H.; Klaiß, T.: Kundenfahrverhalten im Fokus der Fahrzeugentwicklung. In: Automobiltechnische Zeitschrift (ATZ) Jg. 110/2008, Heft 7-8, S.684-692

[Rei10] Reif, K. (Hrsg.): Dieselmotor-Management im Überblick: Einschließlich Abgastechnik. Wiesbaden: Vieweg und Teubner 2010

[Ros08] Roß, T.: Neue Konzepte zur Abgasturboaufladung eines direkt einspritzenden 4-Zylinderottomotors. Dissertation, TU Dresden, 2008

[Rum10] Rumbolz, P.; Piegsa, A.; Reuss, H.-C.: Messung der Fahrzeug-internen Leistungsflüsse und der diese beeinflussenden Größen im „real- life" Fahrbetrieb. Innovative Fahrzeugantriebe, Dresden, 2010

[Sai11] Sailer, T.; Bucher, S.; Durst, B. ;Schwarz, C.: Simulation des Verdichterverhaltens von Abgasturboladern. In: Motortechnische Zeitschrift (MTZ) Jg. 72/2011, Heft 01, S. 28-33

[Sau09] Sauerstein, R.; Dabrowski, R.; Becker, M.; Schmalzl, H.-P.; Christmann, R.: Die Doppelstrom-VTG von BorgWarner - Ein neues Aufladekonzept für DI-Ottomotoren. Borg Warner Turbo Systems, 2009

[Sch08] Scherrer, F.; Schall, G.; Gabriel, H.; Bereswill, S.: Neue Methoden bei der Entwicklung und Validierung von Turbinenwerkstoffen für Hochtemperaturanwendungen. 13. Aufladetechnische Konferenz, Dresden, 2008

[Sch08a] Schorn, N.; Smiljanowski, V.; Späder, U.; Stalman, R.; Kindl, H.: Turbocharger Turbines in Engine Cycle Simulation. 13. Aufladetechnische Konferenz, Dresden, 2008

[Sch08b] Schwizer, W.; Löhrer, R., Schweiz, T. C. (Hrsg.): TCS-Knowboard Nr. 63 - Treibstoffverbrauch Werksangabe vs. Praxis. Touring Club Schweiz, 2008

[Sch08c] Schneider, F.; Lettmann, M.: Variable Ventilsteuerzeiten für jedes Motorenkonzept. In: Motortechnische Zeitschrift (MTZ) Jg. 69/2008, Heft 05

[Sch09] Scharf, J.; Göcmez, T.; Wittler, M.; Pischinger, S.; Aymanns, R.; Steffens, C.: Integration von Aufladesystem und Motorentwicklung. In: Motortechnische Zeitschrift (MTZ) Jg. 70/2009, Heft 12

[Sch10] Schicker, J.; Sievert, R.; Fedelich, B.; Klingelhöffer, H.; Skrotzki,B.: Versagensabschätzung thermomechanisch belasteter Heißteile in Turboladern. In: Motortechnische Zeitschrift (MTZ) Jg. 71/2010, Heft 06, S. 444-450

[Sch10a] Schäfer, F.: Handbuch Verbrennungsmotoren: Grundlagen, Komponenten, Systeme, Perspektiven. Wiesbaden: Vieweg+Teubner 2010

[Sch10b] Schützhold, J.: Simulation von thermoelektrischen Gesamtmoduleigenschaften. Studienarbeit, TU Dresden, 2010

[Sch11] Scholze, J.: Auslegung und Konstruktion eines Abgaskrümmers zur Verbesserung des Abgasenergiemanagements von aufgeladenen DI-Ottomotoren. Studienarbeit, TU Dresden, 2011

[Sch11a] Scholze, J.: Ermittlung der Rückwirkung eines motornahen Abgaswärmetauschers auf den Primärprozess eines abgasturboaufgeladenen DI-Ottomotors. Studienarbeit, TU Dresden, 2011

[Sch79] Schumacher, V.: Untersuchung über Maßnahmen zur Verbesserung des Betriebsverhaltens abgasturboaufgeladener Verbrennungsmotoren unter besonderer Berücksichtigung der ungleich beaufschlagten Abgasturbine. Schlussbericht Teil 2 zu Vorhaben Nr. 157 und 206. FVV (Hrsg.), 1979

[Sch92] Schäfer, H.-J.: Verdampfungskühlung für Ottomotoren. Dissertation, TH Darmstadt, 1992

[Sch93] Schäfer, F.; van Basshuysen, R. v. (Hrsg.): Schadstoffreduzierung und Kraftstoffverbrauch von Pkw-Verbrennungsmotoren - Die Verbrennungskraftmaschine, Band 7. Wien: Springer 1993

[SDK10] SDK (2010): SDK and PLANTEC Test Thermoelectric Power Generation Modules. URL: http://www.sdk.co.jp/english/news/2010/aanw_10_120 8.html - Download 26.12.2011

[Seo08] Seokhwan, L.; Choongsik, B.: Design of a heat exchanger to reduce the exhaust temperature in a spark-ignition engine. In: International Journal of Thermal Science Jg. 2008, Heft 47, S. 468-478

[Sha10] Sharp, N.: Recovering Waste Heat from Heavy-Duty Diesel engines. In: HiT Jg. 2010, Heft 10, S. 3 -4

[Sha83] Shah, R.K.; Webb, R: Heat Exchangers: Theory and Practice. Washington DC: Hemisphere 1983

[Sim08] Simonin, M.; Burgold, S.; Gessier, B.; Ponchant, M.: Modulare Frontend-Kühlmodul-Architektur für den zukünftigen Antriebsstrang. In: Automobiltechnische Zeitschrift (ATZ) Jg. 110/2008, Heft 07-08

[Sny08] Snyder, G.J.; Toberer, E.: Complex thermoelectric materials. In: Nature materials, Jg. 2008, Heft 02, S. 7

[Sor08] Sorger, H.; Zieher, F.; Sauerwein, U.; Schöffmann, W.: Hochbelastete Zylinderköpfe für Otto- und Dieselmotoren. In: Motortechnische Zeitschrift (MTZ) 69/2008, Heft 02

[Sti09] Stiewe, C.: Nanostrukturierte CoSb3-Skutterudite - Neue Materialien für die Thermogeneratorik. Dissertation, Universität Gießen 2009

[Thy07] Thyssen Krupp (2007): Werkstoffdatenblatt TK 1.4841. URL: http://www.edelstahl-service-center.de/tl_files/ThyssenKrupp/PDF/Datenblaetter/1.4841.pdf - Download 2011.01.19

[Toe04] Töpfer, G.; Spicher, U. (Hrsg.): Untersuchungen zum Einsatz keramischer Beschichtungen für Ottomotoren mit Benzin-Direkteinspritzung. Berlin: Logos 2004

[Tos07] Toshiba (2007): High-powered Thermoelectric Module. URL: http://www.toshiba-tmat.co.jp/eng/res/theme3.htm - Download 2011.04.25

[Ust11] Ustinov, V.; Schulz, S.; Kneer, R.; El-Magd, E.: Modellentwicklung für den kontaktdruckabhängigen Wärmeübergang. In: Motortechnische Zeitschrift (MTZ) Jg. 72/2011, Heft 02, S.142-147

[Vol04] Volkswagen AG: Selbststudienprogramm 337 - Der 2,0l FSI-Motor mit Turboaufladung - Konstruktion und Funktion, Firmenschrift, 2004

[Vol09] Vollrath, O.; Armstrong, N.; Lamm, A.; Bitsche, O.; Schenk, J.: Die Hybridlösung von Mercedes-Benz in der S-Klasse. In: Automobiltechnische Zeitschrift (ATZ) Jg. 111/2009, Heft 05

[Wal11] Wallentowitz, H.; Reif, K. (Hrsg.): Handbuch Kraftfahrzeugelektronik: Grundlagen-Komponenten-Systeme-Anwendungen. Wiesbaden: Vieweg 2011

[Web90] Weber, O.: Ursachen der Ablagerungsbildung in Abgaswärmeübertragern von Verbrennungsmotoren. Dissertation, RWTH Aachen, 1990

[Wei11] Weiss, M.: Rohstoff Schrott. Süddeutsche Zeitung, 07.01.2011

[Wer11] Werner, S.: Effizienzanalyse eines Kühlkreislaufes im Fahrzeug bei verschiedenen Thermoemanagementstrategien. Studienarbeit, TU Dresden, 2011

[Wic11] Wickerath, B.; Fournier, A.; Durand, J.-M.; Brömmel, A.: Vollvariable mechanische Kühlmittelpumpe für Nutzfahrzeuge. In: Motortechnische Zeitschrift (MTZ) Jg. 72/2011, Heft 01, S. 42-26

[Wie09] Wieske, P.; Lüddecke, B.; Ewert, S.; Elsäßer, A.; Hoffmann, H.; Rückauf, J.; Taylor, J.: Neue Konzepte zur Optimierung des transienten Drehmomentaufbaus und zur Verbrauchsoptimierung von aufgeladenen Ottomotoren. 18. Aachener Kolloquium Fahrzeug- und Motorentechnik, Aachen, 2009

[Wil09] Willand, J.; Schintzel, K.; Hoffmeyer, H.: Das Potenzial aufgeladener Ottomotoren mit Direkteinspritzung. In: Motortechnische Zeitschrift (MTZ) Jg. 70/2009, Heft 02

[Wue76] Wünsche, A.: Untersuchung des Durchström- und Wirkungsgradverhaltens teilbeaufschlagter Abgasturbinen und des Einflusses dieser Randbedingungen auf das Betriebsverhalten abgasturboaufgeladener Verbrennungsmotoren. 1. Teilabschlussbericht zu Vorhaben Nr. 157. FVV (Hrsg.), 1976

[Wur08] Wurms, R.; Budack, R.; Böhme, J.; Dornhöfer, R.; Eiser, A.; Hatz, W.: Der neue 2.0L TFSI mit Audi Valvelift System für den Audi A4 - die nächste Generation der Audi Turbo FSI Technologie. 17. Aachener Kolloquium Fahrzeug- und Motorentechnik, Aachen, 2008

[Wym09] Wyman, O.: Verbrenner bleibt vorn - Prognose für den Pkw-Absatz 2025 in Europa. In: Automobilwoche Jg. 2009, Heft 22, S.1

[Yan07] Yang, K.-S.; Chu, W.-H.; Chen, I.Y., Wang, C.: A comparative study of the airside performance of heat sinks having pin fin configurations. In: International Journal of Heat and Mass Transfer Jg. 2007, Heft 50

[Zel07] Zellbeck, J.: Aufbau eines echtzeitfähigen hybriden Antriebsstrangmodells für den Einsatz auf einem hochdynamischen Motorenprüfstand. Studienarbeit, TU Dresden, 2006

[Zel08] Zellbeck, H.; Risse, S.; Thiel, M.; Kutz, H.: Potentiale und Möglichkeiten zur effizienten Verlustwärmenutzung. In: Jaensch, D. (Hrsg.): Thermoelektrik. Berlin: expert 2008

[Zel09] Zellbeck, H.; Roß, T.; Risse, S.: Mobilität und effiziente Antriebssysteme. 13. Dresdner Leichtbausymposium, Dresden, 2009

[Zel09a] Zellbeck, H.; Risse, S.; Roß, T.: Thermische Rekuperation im Kontext zur Abgasturboaufladung und Abgasnachbehandlung. 1. Fachtagung Thermische Rekuperation im Kraftfahrzeug, München, 2009

[Zel10] Zellbeck, H.; Roß, T.; Risse, S.: Abgasturboaufladung – Abgasnachbehandlung – Rekuperation – Effiziente Nutzung der Energie im Abgas. In: Liebl, J.(Hrsg.): CO2 - Die Herausforderung für unsere Zukunft. Wiesbaden: Vieweg 2010

[Zel10a] Zellbeck, H.; Risse, S.: Rekuperation als Schlüsseltechnologie für zukünftige Mobilität. In: Jänsch, D. (Hrsg.): Thermoelectric Goes Automotive. Renningen: expert 2010

11 Anhang

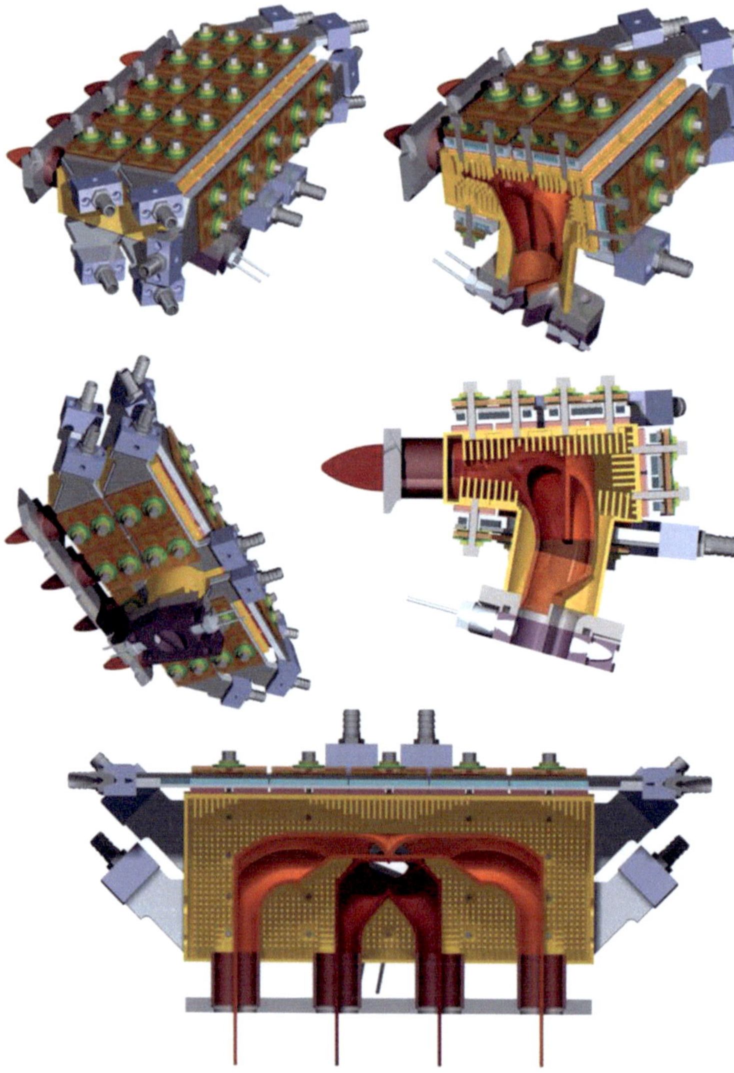

Abb. 86: 3d-Konstruktion von Innenkrümmer und TEG-Wärmetauscherverbund [Sch11]

11.1 Temperatursensorik TEG-Wärmetauscherverbund

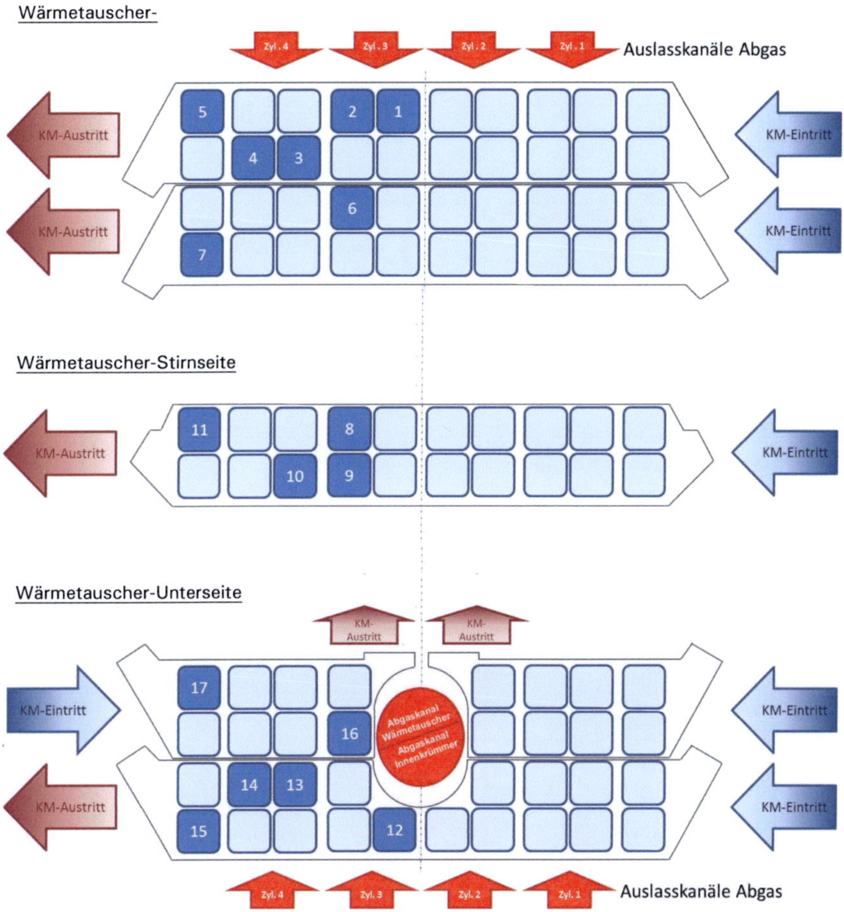

Abb. 87: Temperaturmessstellen an Heiß- und Kaltseite der TEM (Typ K Ø0,5mm)

11.2 Gleichungen und Kenndaten der Berechnungen

Tab. 22: Berechnungsgleichungen für den Rippenwirkungsgrad [Kay73, Bah08, Pul10]

Oberflächenwirkungsgrad	$\eta_O = 1 - \frac{A_{RO}}{A}(1 - \eta_R)$
Rippenwirkungsgrad	$\eta_R = \frac{\tanh(ml)}{ml}$
Dimensionslose Rippenhöhe Offset-Fin-Strip	$ml = \frac{h_F}{2}\sqrt{\frac{2(d_F + l_F)\alpha}{d_F l_F \lambda_F}}$
Dimensionslose Rippenhöhe Runde Nadelrippe	$ml = h_R \sqrt{\frac{4\alpha}{\lambda_R d_R}}$
Dimensionslose Rippenhöhe Quadratische Rechteckrippe	$ml = h_R \sqrt{\frac{2(d_R + l_R)\alpha}{d_R l_R \lambda_R}}$

Tab. 23: Kenndaten des CFD-Wärmetauscherverbund-Modells

Anzahl Elemente	**1.364.000**
Anzahl Knoten	**510.000**
Definition Elementgröße	
Globale Elementgröße	4 mm
Elementgröße an geraden Flächen	2 mm
Elementgröße im Ein- und Austrittsbereich	1 mm
Elementgröße an Strömungszusammenführungen	1 mm
Elementgröße an gebogenen Flächen und im Sensorbereich	0,5 mm
Definition Randschicht	
Randschichten global unterste Schicht	0,025 mm
Exponent	1,6
Anzahl	8
Gesamtdicke	1,75 mm

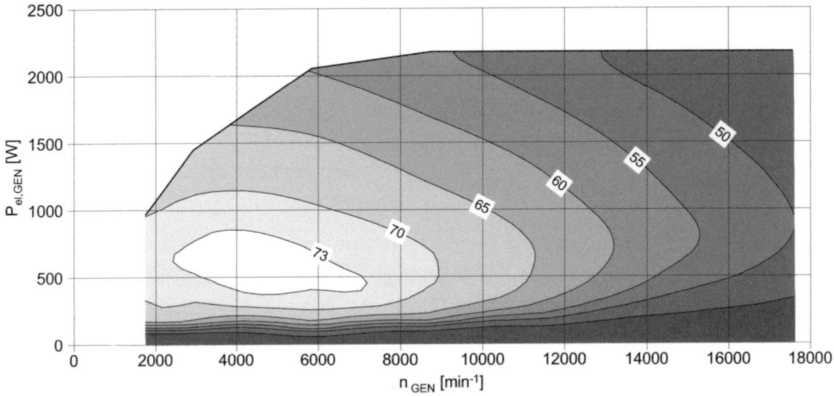

Abb. 88: Wirkungsgradkennfeld des riemengetriebenen 140A-Generators

11.3 Randbedingungen der 1d- und CFD-Simulation

Kennwerte des Verbrennungsmotors

Zündzeitpunkt	Regelung nach optimaler Schwerpunktlage der Verbrennung $\alpha_{HV,50\%}$=8°KW_{nZOT} und Klopfregelung
Einlassnockenwelle	Einlass-Öffnungsdauer ED=190°$KW_{1mm\text{-}1mm}$ Einlass-öffnet (Stellung spät) EO=397°$KW_{nZOT,1mm}$ Phasensteller 60°KW in Richtung früh
Auslassnockenwelle	Auslass-Öffnungsdauer AD=180°$KW_{1mm\text{-}1mm}$ Auslass-schließt AS=350°$KW_{nZOT,1mm}$
Abgastemperatur	Maximale zulässige Abgastemperatur $T_{3,max}$=980°C

Aufbau und Kennwerte des Innenkrümmer-TEG-Wärmetauscherverbundes

Innenkrümmer (IK)	Verschweißte Normteile 1.4841 d_{IK}=3,0 mm, ε_{IK}=1,0 λ_{IK}=15 W/mK (20°C) .. 19 W/mK (500°C) [Thy07]
Abgaswärmetauscher (WT)	**Grundträger:** Verschweißte Normteile aus 1.4841 d_{WT}=3,0 mm, ε_{WT}=1,0 λ_{WT}=15 W/mK (20°C) .. 19 W/mK (500°C) [Thy07] **Berippung:** gefräste Rechteckrippen aus 1.4841 Rippenbasis: 2,0 x 2,0 mm Rippenabstand: 3,0 mm Anordnung: linear, 0° gedreht
Wärmeübergang TEM-Heißseite	$\alpha_{TEM,Kontakt}$=7500 W/m²K
Thermoelektrisches Modul (TEM)	Dimension 30x30x3,0 mm λ_{TEM}=1,6 W/mK
Wärmeübergang TEM-Kaltseite	$\alpha_{TEM,Kontakt}$=15000 W/m²K (Wärmeleitpaste)
Kühlmittelwärmetauscher (KMWT)	Aluminium EN AW 3103 d_{KMWT}=2,0mm λ_{KMWT}=150 W/mK
Kühlmittel	Zusammensetzung: Wasser-Glykol-Gemisch Mischungsverhältnis: 1:1 $T_{KM,KMWT,e}$=80°C $\alpha_{KM,KMWT}$=2000 W/m²K (Vorgabe GT-Power)

11.4 Modellvalidierung Motorprozesssimulation

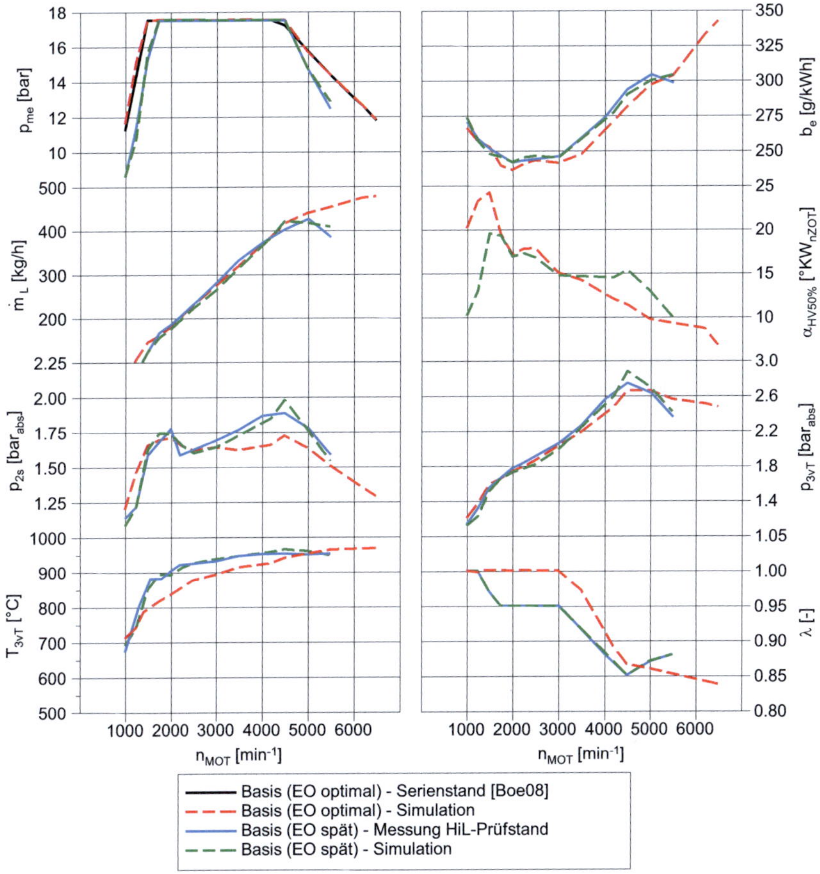

Abb. 89: Validierung Volllastkurve - Basismotor

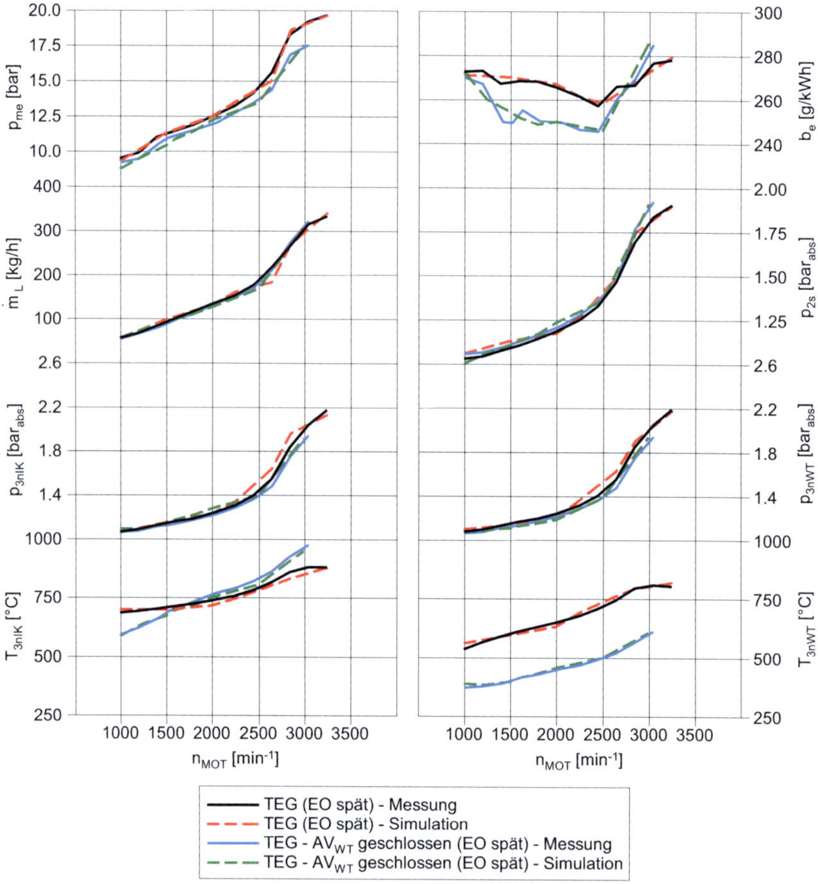

Abb. 90: Validierung Volllastkurve – Motor mit TEG (EO spät)

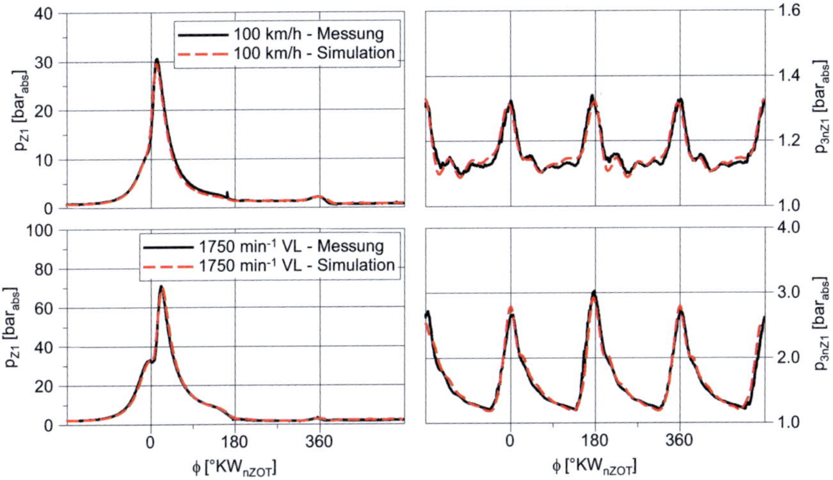

Abb. 91: Validierung Ladungswechsel - Basismotor (EO spät)

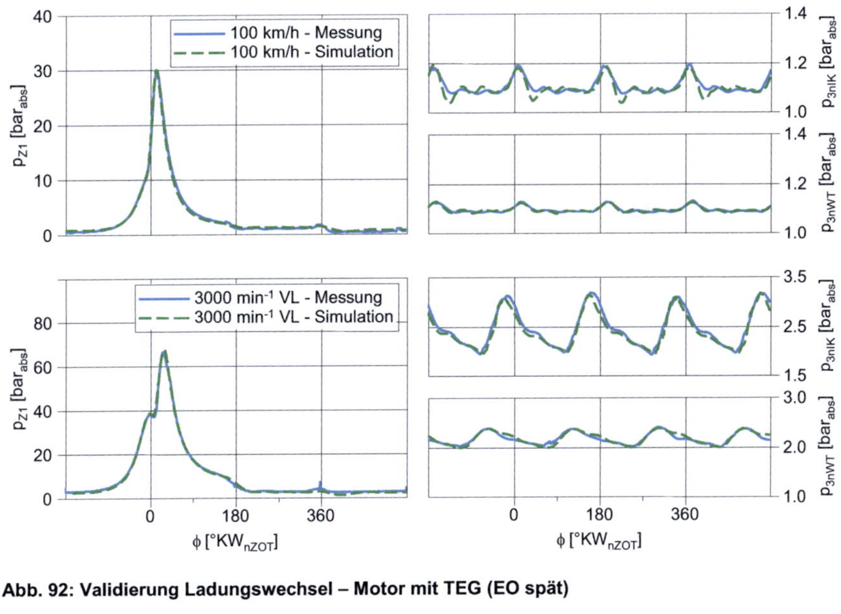

Abb. 92: Validierung Ladungswechsel – Motor mit TEG (EO spät)

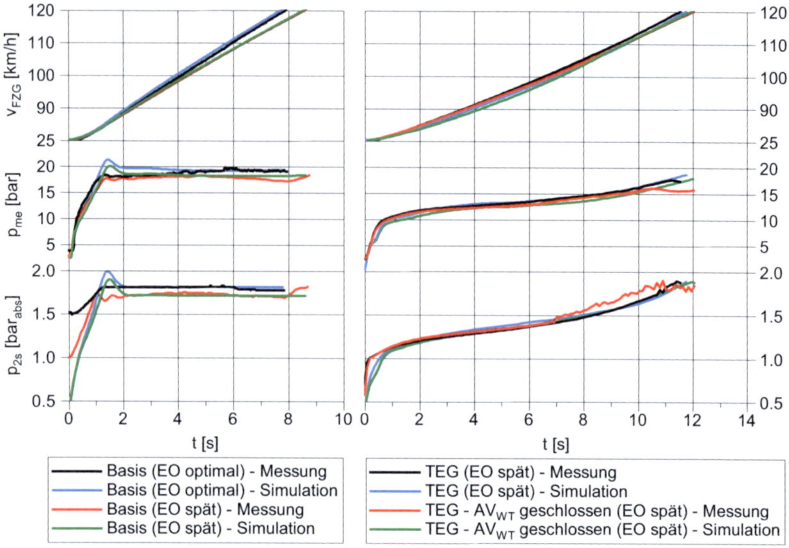

Abb. 93: Validierung Elastizität - Fahrzeugbeschleunigung 80-120 km/h im 5. Gang

Tab. 24: Validierung Elastizität - Fahrzeugbeschleunigung 80-120 km/h im 5. Gang

Messung	**Einlass öffnet (EO)**	**Datenbasis**	$p_{2s,max}$	**t**
			bar_{abs}	s
Basismotor	optimal	Messung Fahrzeug	1,8	7,8
		Simulation	1,8	7,7
Basismotor	spät	Messung HiL	1,7	8,8
		Simulation	1,7	8,8
Motor mit TEG (AV_{IK}=AV_{WT})		Messung HiL	1,8	11,6
		Simulation	1,8	11.7
Motor mit TEG - RAH ($h_{AV,WT}$= 0%) (AV_{WT} geschlossen)		Messung HiL	1,8	12,1
		Simulation	1,8	12,1

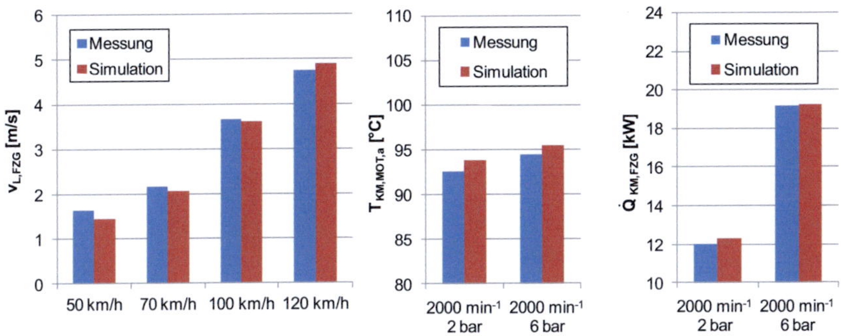

Abb. 94: Validierung Konstantfahrten – Mittlere Luftgeschwindigkeit nach Motorkühler (li.), Kühlmitteltemperatur am Motoraustritt (mi.) und Kühlleistung Motorkühler (re.)

11.5 Modellvalidierung CFD-Simulation

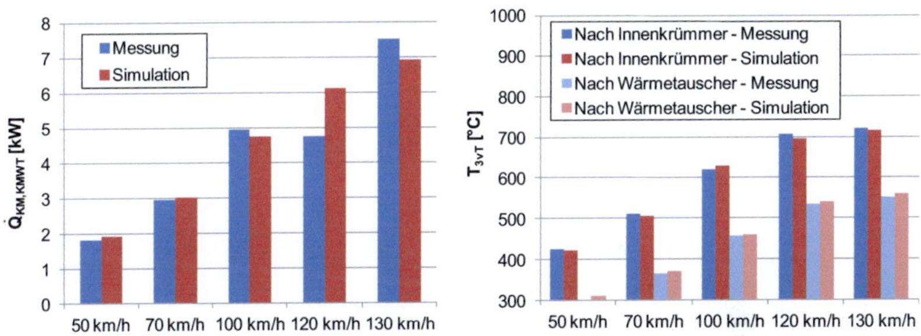

Abb. 95: Validierung Konstantfahrten – Kühlleistung TEG-Kühler und Abgastemperatur

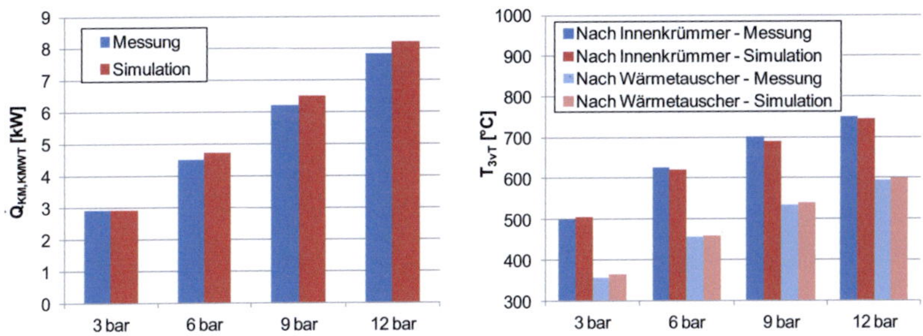

Abb. 96: Validierung Lastschnitt 2000 min^{-1} – Kühlleistung TEG-Kühler und Abgastemperatur

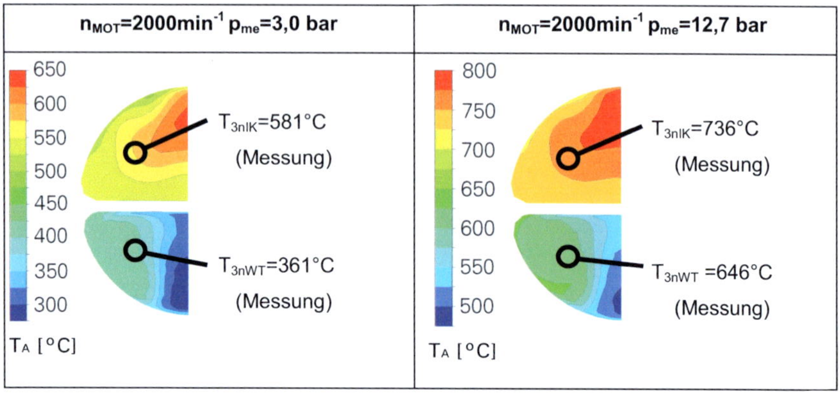

Abb. 97: Validierung – TEG - Abgastemperatur am Turbineneintritt (EO spät)

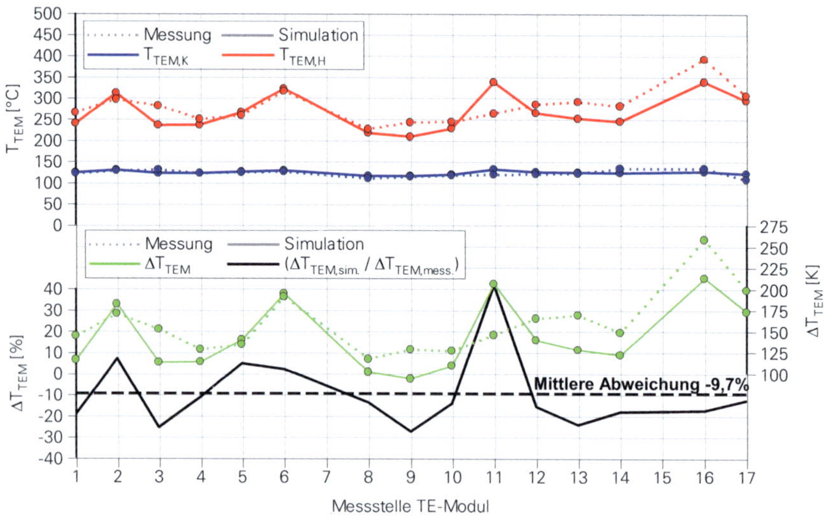

Abb. 98: Validierung - TEG - Mittlere Oberflächentemperatur der Module (Abb. 87) bei 130 km/h

11.6 Kenngrößen der Motorbetriebspunkte und Fahrzyklen

Tab. 25: Motorbetriebspunkte der Konstantfahrten

v_{FZG}	Gangstufe	n_{MOT}	p_{me}	P_e	$P_{el,Bordnetz}$
km/h	-	min^{-1}	bar	kW	W
50	4	1725	1,79	4,6	300
70	4	2411	2,07	7,5	300
100	5	2726	3,62	14,8	300
120	5	3272	4,50	22,1	300
130	6	2938	6,02	26,5	300

Tab. 26: Motorbetriebspunkte der Thermomanagementuntersuchungen (T_0=25°C)

v_{Fzg}	Gang	n_{MOT}	p_{me}	$m_{FZG} + m_{Anhänger}$ (+ $m_{TEG,ges}$)	Steigung
km/h	-	min^{-1}	bar	kg	%
30	2	1952	17,5	1840 + 1400 (+ 21)	12
60	3	2753	17,5	1840 + 1400 (+ 21)	12
200	5	5509	12,3	1280 + 0 (+ 21)	0

Tab. 27: Kenngrößen und Leistungsbedarf der untersuchten Fahrzyklen

Fahrzyklus	Startbedingung Fahrzyklus	Strecke	Dauer	Fahrzeug $v_{FZG,m}$ $v_{FZG,max}$	Motor $P_{e,m}$ $P_{e,max}$	Bordnetz $P_{el,Bordnetz,m}$ $P_{el,Bordnetz,max}$
		km	s	km/h	kW	kW
NEFZ	Kaltstart T_0=25°C	11,0	1180	33,6 120,0	4,5 36,0	0,3 1,1
FTP75	Kaltstart T_0=25°C	17,9	1877	34,1 91,2	4,9 57,1	0,3 1,1
Stadt	Kaltstart T_0=25°C	9,6	1848	18,7 60,9	2,4 21,1	0,5 1
Autobahn	Warmstart T_0=25°C	32,1	1227	94,2 163,0	17,1 85,0	0,4 0,8